A PRODUÇÃO ECOLÓGICA DE ARROZ E A REFORMA AGRÁRIA POPULAR

Adalberto Floriano Greco Martins

A PRODUÇÃO ECOLÓGICA DE ARROZ E A REFORMA AGRÁRIA POPULAR

1ª edição
Expressão Popular
São Paulo – 2019

Copyright © 2019, by Editora Expressão Popular

Revisão: *Nilton Viana*
Projeto gráfico e diagramação e capa: *ZAP Design*
Foto da capa: *Alex Garcia*

Dados Internacionais de Catalogação-na-Publicação (CIP)

M379p	Martins, Adalberto Floriano Greco A produção ecológica de arroz e a reforma agrária popular / Adalberto Floriano Greco Martins.—1. ed. --São Paulo : Expressão Popular, 2019. 231 p. : il., tabs., maps. ISBN 978-85-7743-356-8 1. Arroz – Plantação ecológica – Rio Grande do Sul. 2. Reforma agrária popular. 3. MST. 4. Resistência camponesa. 5. Construção do conhecimento. I. Título. CDU 633.18 CDD 630

Catalogação na Publicação: Eliane M. S. Jovanovich CRB 9/1250.

Todos os direitos reservados.
Nenhuma parte deste livro pode ser utilizada
ou reproduzida sem a autorização da editora.

1ª edição: março de 2019

EDITORA EXPRESSÃO POPULAR
Rua Abolição, 201 – Bela Vista
CEP 01319-010 – São Paulo – SP
Tel: (11) 3112-0941 / 3105-9500
livraria@expressaopopular.com.br
www.facebook.com/ed.expressaopopular
www.expressaopopular.com.br

Sumário

AGRADECIMENTOS 9

LISTA DE SIGLAS 15

INTRODUÇÃO 19

A PRODUÇÃO ECOLÓGICA DE ARROZ NAS VÁRZEAS
DA REGIÃO METROPOLITANA DE PORTO ALEGRE (RMPA) 33
    O ecossistema das várzeas 33
    A ocupação das várzeas na RMPA..35
    A produção em base ecológica com
    trabalho cooperado nos assentamentos.....................................45

OS TERRITÓRIOS DE RESISTÊNCIA CAMPONESA:
OS ASSENTAMENTOS DA REFORMA AGRÁRIA E O MST..........................61
    O agronegócio como expressão
    do capital financeiro na agricultura...62
    Os assentamentos como territórios em disputa
    e como força política: o caso do MST gaúcho.............................87

AS EXPRESSÕES DA AUTONOMIA E DA RESISTÊNCIA
CAMPONESA A PARTIR DA GESTÃO PARTICIPATIVA
E DA CONSTRUÇÃO DOS CONHECIMENTOS.....................................101
    O processo de gestão e a tomada de decisões dentro
    do grupo gestor do arroz ecológico..102
    A relação entre o grupo gestor, Cootap e a direção do MST 123
    A produção do conhecimento e o controle técnico das
    lavouras de arroz ecológico...130
    O processo de certificação participativa do grupo gestor...................145

CONSTRUINDO TERRITÓRIOS DE RESISTÊNCIA
ATIVA E RELAÇÕES EMANCIPATÓRIAS...157
    A nova qualidade ético-político na organização dos assentamentos 158
    A resistência ativa materializada em um conglomerado democrático,
    popular de cooperação e de base ecológica 182
    Limites da experiência, as ações para superá-los e os novos desafios 194

CONSIDERAÇÕES FINAIS 217

BIBLIOGRAFIA 223

ANEXO
ESPECIFICAÇÕES DAS MUDANÇAS NA COBERTURA E USO DA TERRA 229

Dedico este livro à Júlia, Iara e
Sandra,
inspirações cotidianas em minha
vida.

Agradecimentos

A publicação deste livro só foi possível graças ao apoio da Editora Expressão Popular, pelo qual sou muito grato. Ele é resultado de uma pesquisa de doutoramento que contou com a disposição do MST, seja na articulação dos contatos junto às cooperativas e produtores para as entrevistas e acesso aos dados produtivos e econômicos, seja pela disponibilidade do tempo de seus dirigentes.

Ao longo desta pesquisa contei com o apoio dos/as companheiros/as da Cootap (Emerson, Bragado, Marquinhos, Nelson, Raul, Sueli, Sílvio), da Coptec, dos núcleos operacionais de Eldorado do Sul (Carlos, Cadore, Cleuza, Eliane, Antônio Marcos), Nova Santa Rita (Sandra e Cecili), do distrito de irrigação (Perito e Martin), e com a atenção e disponibilidade dos agricultores e cooperativas (Coopan – especialmente os companheiros Airton, Bosa, Pieri e Pelé; Coopat – especialmente Rodrigo, Oreste e Tarcísio; Coperav – especialmente o Huli), todos(as) vinculados(as) ao grupo gestor do arroz ecológico.

Agradeço também à equipe da certificação, especialmente ao Patrik e ao Cleomar. E aos/às companheiros/as da Coceargs, especialmente Leudimar, Álvaro, Djones, Cedenir, Zelmar, Salete, Ilton, Leandro, que por caminhos distintos estimularam e apoiaram este estudo. E agradeço aos dirigentes do MST, especialmente o Valcir, a Preta e a Jora, pela oportunidade de dialogarmos sobre a organização e funcionamento do MST na região metropolitana.

Aos pesquisadores do Instituto Riograndense do Arroz (Irga), especialmente Mario Azeredo, André de Oliveira, Vitor Hugo Kayzer, Claudio Braiwer Pereira minha gratidão pelas informações e amabilidade no convívio. Além dos trabalhadores do Arquivo Central do Irga em Porto Alegre e da Biblioteca do Irga em Cachoeirinha que sempre me receberam bem e fizeram o possível para atender esta pesquisa. Bem como aos companheiros do DDA/SDR, em especial o Rica; aos companheiros do Incra, o Roberto, Alfredo, Paulo Jr., Vladimir, Giseli que sempre se colocaram à disposição quando consultados.

Agradeço ao Programa de Pós-Graduação em Geografia, especialmente aos professores Aldomar, Luís Fernando, Lovois (vinculado ao Programa de Pós-Graduação em Desenvolvimento Rural [PGDR]), com os quais compartilhei disciplinas que muito esclareceram e ajudaram na formulação desta tese. Agradeço especialmente à professora Rosa Maria Vieira Medeiros, que me aceitou como orientando em sua imensa generosidade e acolhimento, bem como sua contribuição nas reflexões teóricas desta tese, a quem sou extremamente grato. Aos/às companheiros/as do Núcleo de Estudos Agrários (Neag), pelo convívio agradável, mútua ajuda e camaradagem, especialmente a Michele, Jaime e Elvis.

Agradeço também ao meu irmão José Francisco Greco Martins, que na fase final deste trabalho, pacienciosamente leu os materiais estabelecendo um profícuo debate e reflexões teóricas.

Não poderia deixar de mencionar um agradecimento especial ao companheiro Celso Alves da Silva, coordenador do Departamento Técnico da Cootap, pelo rico e amplo diálogo desenvolvido ao longo destes anos de pesquisa. Esta convivência me fez crer ainda mais na capacidade técnica dos filhos e filhas da reforma agrária e de seu comprometimento com a luta dos/as trabalhadores/as.

A todos/as o meu muito obrigado.

Dos campos, das cidades,
da frente dos palácios,
os sem terra,
este povo de beira de quase tudo,
retiram suas lições de semente e história.
Assim, espremidos nesta espécie
de geografia perdida que sobra entre as estradas,
por onde passam os que têm para onde ir,
e as cercas onde estão
os que têm onde estar,
os sem terra,
fazem o que sabem fazer,
plantam!
E plantam porque sabem
que terão apenas o almoço
que poderem colher
como sabem que terão o país que
poderem conquistar

Canto do Terra

Lista de siglas

Aafise – Associação dos Moradores do Assentamento Filhos de Sepé
Apa – Área de Proteção Ambiental
Ates – Assessoria Técnica, Social e Ambiental à Reforma Agrária
BRO – Orgânico Brasileiro
CEE – Orgânico Europeu
Coceargs – Cooperativa Central dos Assentamentos do Rio Grande do Sul Ltda
Conab – Companhia Nacional de Abastecimento
Copac – Cooperativa de Produção Agropecuária dos Assentados de Charqueadas Ltda
Coopan – Cooperativa de Produção Agropecuária de Nova Santa Rita Ltda
Coopat – Cooperativa de Produção Agropecuária dos Assentados em Tapes Ltda
Coperav – Cooperativa de Produtores Orgânicos da Reforma Agrária de Viamão Ltda

Coperforte – Cooperativa Regional dos Assentados da Fronteira Oeste Ltda

Coptec – Cooperativa de Trabalho em Serviços Técnicos Ltda

Coperterralivre – Cooperativa dos Trabalhadores da Reforma Agrária Terra Livre Ltda

Cootap – Cooperativa dos Trabalhadores Assentados da Região de Porto Alegre Ltda

CPOrg – Comissão de Produção Orgânica

DAP – Declaração de Aptidão ao Pronaf

Emater – Empresa de Assistência Técnica e Extensão Rural do RS

Embrapa – Empresa Brasileira de Pesquisa Agropecuária

Epagri – Empresa de Pesquisa Agropecuária e Extensão Rural de Santa Catarina

Fepagro – Fundação Estadual de Pesquisa Agropecuária

Fepam – Fundação Estadual de Proteção Ambiental Henrique Luís Roessler

GLP – Gás Liquefeito de Petróleo

HPA – Hidrocarbonetos Policíclicos Aromáticos

IBGE – Instituto Brasileiro de Geografia e Estatística

IMO – Instituto Mercado Ecológico

Incra – Instituto Nacional de Colonização e Reforma Agrária

Irga – Instituto Rio Grandense do Arroz

MAB – Movimento dos Atingidos por Barragem

Mapa – Ministério da Agricultura, Pecuária e Abastecimento

MDA – Ministério do Desenvolvimento Agrário

MDS – Ministério do Desenvolvimento Social

MMC – Movimento de Mulheres Camponesas

MPA – Movimento dos Pequenos Agricultores

MST – Movimento dos Trabalhadores Rurais Sem Terra

Neag – Núcleo de Estudos Agrários UFRGS

NOP – Orgânico Norte Americano
OCS – Organismo de Controle Social
Opac – Organismo Participativo de Avaliação de Conformidade
PAA – Programa de Aquisição de Alimentos
PDA – Plano de Desenvolvimento do Assentamento
PNAE – Programa Nacional de Alimentação Escolar
Procera – Programa de Crédito Especial para a Reforma Agrária
Pronaf – Programa Nacional de Fortalecimento da Agricultura Familiar
Pronera – Programa Nacional de Educação na Reforma Agrária
Provárzea – Programa de Aproveitamento Racional das Várzeas Irrigáveis
RMPA – Região Metropolitana de Porto Alegre
SDR – Secretaria Estadual de Desenvolvimento Rural, Pesca e Cooperativismo
Sema – Secretaria do Meio Ambiente do Rio Grande do Sul
SIC – Sistema Interno de Controle
Siconv – Sistema de Convênios do Ministério do Planejamento
SPG – Sistema Participativo de Garantia
TAC – Termo de Ajuste de Conduta
Terra Forte – Programa de Agroindustrialização em Assentamentos da Reforma Agrária
Terra Sol – Programa de Fomento à Agroindustrialização e Comercialização
UBS – Unidade de Beneficiamento de Semente

Introdução

Ao longo do século XX foram inúmeras as tentativas de controle do capital. As desregulamentações econômicas praticadas pelas principais economias capitalistas na década de 1970 abriram a caixa de pandora. O capital financeiro passou a determinar as relações econômicas e o ideário neoliberal conduziu as relações políticas (Chesnais, 2005; Harvey, 2004). O fim do bloco socialista no Leste europeu e a penetração das relações capitalistas em todos os cantos do mundo permitiu o apogeu do pensamento único e da plena hegemonia do capitalismo financeiro e globalizado.

As implicações desta financeirização e globalização das relações capitalistas intensificaram a exploração humana acompanhada da imensa e acelerada degradação ambiental. Diversas conferências realizadas, ao longo das décadas de 1990 e 2000, buscando limitar a força destrutiva deste modelo de acumulação de capital, resultaram em avanços tímidos e insignificantes.

A incontrolabilidade do capital está fundada na própria lógica de sua reprodução. A valorização do valor é um imperativo que aliena o trabalhador e o próprio burguês (Marx, 2010; Paniago, 2007). O capital exige de todos a sua reprodução, a qualquer custo e preço. Ocorre que a organização social capitalista aprisionou o desenvolvimento das forças produtivas a uma força destrutiva, em especial o complexo militar-industrial, sustentáculo deste sistema (Foster, 2011).

As forças produtivas compreendidas como expressão das objetivações das capacidades humanas, gerando as condições para a humanidade fazer sua história e permitindo um nível de liberdade, tornaram-se, na sociedade capitalista, uma força de dominação. Na forma social burguesa, as capacidades humanas estão freadas, mas as forças produtivas seguem se desenvolvendo como forças de dominação e de destruição (Martins, 2009 e 2016).

Neste contexto, gera-se uma forma específica da relação entre tecnologia e processo de trabalho. Para Santos (2006), somente no capitalismo inicia-se o processo de unificação das técnicas, sendo possível falar em um meio técnico-científico, e aplicar a ciência ao processo produtivo; esta torna-se a ciência torna-se uma força produtiva direta, e o aparato tecnológico deixa de ser uma racionalização do processo de trabalho, convertendo-se em uma racionalização do processo de valorização do capital (Romero, 2005).

Desta maneira, a natureza somente é percebida tornando-se mercadoria. Aquilo que deveria ser o primeiro ato histórico do ser humano, ao adaptar a natureza às suas necessidades, por meio do trabalho, torna-se mais uma ação com vistas à plena reprodução do capital, revolucionando-se constantemente, colocando abaixo todas as barreiras que obstaculizam o pleno desenvolvimento de suas forças produtivas. Assim, a natureza passa a ser compreendida somente a partir do valor de troca que se possa dela extrair (Foladori, 2001).

Numa perspectiva de superação das relações capitalistas, constituindo-se uma sociedade com base na livre organização dos produtores associados, necessária para governar o metabolismo humano com a natureza de modo racional,

> Requer-se uma concepção revolucionária de desenvolvimento humano sustentável, que dê respostas tanto ao autoestranhamento (a alienação do trabalho) como à alienação do mundo (alienação da natureza) [...] a questão real é a do desenvolvimento humano sustentável abordando explicitamente o metabolismo humano com a natureza por meio do trabalho. (Foster e Brett, 2010, p. 11)

Para Foster, a igualdade substantiva, a sustentabilidade ecológica e o controle social são as bases deste novo desenvolvimento, compreendendo que a "igualdade substantiva ajuda a superar o isolamento social e a alienação que caracterizam as relações capitalistas e a sustentabilidade ecológica implica em transcender a alienação em relação à natureza" (Foster, 2011, p. 27).

Certamente este processo levará a uma revisão do conjunto de conhecimento acumulado pela humanidade, buscando uma ciência que contribua para a emancipação humana, permitindo o pleno desenvolvimento das suas capacidades. A superação do capitalismo implica também a superação da base material que lhe sustenta e a criação de uma base nova (Romero, 2005).

Ainda que submetida às relações sociais capitalistas, os movimentos camponeses em sua luta de resistência à expropriação e à exploração praticadas pelo capital, desenvolvem lutas anticapitalistas e geram diversas práticas sociais que sinalizam alguns pilares de uma nova forma de organização societária; do ponto de vista da organização da produção agrícola, a agroecologia é um exemplo.

A dimensão ecológica vem sendo incorporada ao longo das duas últimas décadas pelos movimentos de luta e resistência camponesa. Como sugere Michel Lowy,

> Um exemplo impressionante dessa integração 'orgânica' das questões ecológicas por outros movimentos é o Movimento dos Trabalhadores Rurais Sem Terra (MST) [...] Hostil, desde sua origem, ao capitalismo e à sua expressão rural (o agronegócio), o MST integrou cada vez mais a dimensão ecológica no combate por uma reforma agrária radical e um outro modelo de agricultura. (Lowy, 2010, p. 41)

Para Lowy,

> [...] as cooperativas agrícolas do MST desenvolvem, cada vez mais, uma agricultura biologicamente preocupada com a biodiversidade e com o meio ambiente em geral, constituindo assim exemplos concretos de uma forma de produção alternativa. (Lowy, 2010, p. 41)

Estas práticas sociais dos movimentos camponeses geram conhecimentos novos, com profundo conteúdo emancipatório, como visto nos processos de defesa das sementes crioulas em contraposição às sementes geneticamente modificadas, na produção de alimentos saudáveis, na campanha contra o uso dos agrotóxicos e na luta pela soberania alimentar. Desvela assim à sociedade brasileira que o alimento não deve ser encarado como mercadoria e que cada povo, em suas comunidades, tem o direito de alimentar-se com base na sua cultura e na sua relação específica com o seu meio ambiente local.

Estas práticas sociais, com seus princípios e valores, geradores de processos participativos com intensa construção de conhecimento e novas formas de cooperação produtiva, indicam para a sociedade brasileira a possibilidade real e efetiva de alternativas para o desenvolvimento rural. Desenvolvimento este compreendido como a garantia de progresso econômico e social para todos os que vivem no campo, de forma sustentável, respeitando os recursos naturais e buscando maneiras para garantir melhorias permanentes de condições de vida em seus aspectos materiais, culturais e espirituais.

Um destes casos é a experiência do Movimento dos Trabalhadores Rurais Sem Terra (MST) na organização, há mais de 19 anos, de um elevado grau de intercooperação econômica e social, em torno da produção do arroz ecológico nos assentamentos da região metropolitana de Porto Alegre (RMPA).

Baseado na produção agroecológica e sustentado num profundo complexo de cooperação e ajuda mútua, as famílias assentadas na região metropolitana produziram na safra 2016-2017 mais de 374 mil sacas de arroz, em 3.993 hectares, envolvendo 483 famílias.[1]

Os conhecimentos gerados nestes processos se manifestam em diversas áreas. Do ponto de vista tecnológico, na produção primária, muitas técnicas foram desenvolvidas: o manejo da água como forma de controle de plantas espontâneas, insetos e doenças; a produção de sementes próprias; ajuste do calendário de plantio adaptando-se os cultivares mais adequados à região; a incorporação do manejo da resteva nos passos para condução das lavouras do arroz, buscando recuperar a fertilidade natural dos solos. Este conjunto de conhecimentos gerados nesta experiência expressou-se no itinerário técnico da lavoura.[2]

---

[1] O grupo gestor do arroz ecológico abrange também famílias assentadas que produzem arroz na região da fronteira oeste, destacando-se os municípios de São Gabriel e Manoel Viana. Incorporando-se os dados destas famílias o grupo gestor coordenou, na Safra 2016-2017, 579 famílias, que produziram, em 5.100 ha, 487.168 mil sacas de arroz.

[2] Itinerário técnico da lavoura refere-se ao percurso técnico desenvolvido pelos agricultores em cada momento da lavoura de arroz irrigado.

A geração de conhecimentos não se restringiu ao processo produtivo; estendeu-se para os momentos do armazenamento e do processamento como, por exemplo, o controle ecológico de insetos nas unidades de beneficiamento, o resfriamento dos silos e a embalagem a vácuo.

Do ponto de vista da gestão, constituíram um alto grau de cooperação envolvendo: grupos de produção com as famílias assentadas; associações, cooperativas locais e uma cooperativa regional articuladas por um grupo gestor do arroz ecológico. A gestão se estendeu aos recursos hídricos, por meio da organização dos distritos de irrigação, expressando a compreensão de que o controle da água é essencial para a construção do modelo ecológico do arroz irrigado.

Quanto à comercialização, desenvolveram uma marca comercial própria – Terra Livre – participando ativamente das políticas públicas de compra de alimentos e, recentemente, realizaram as primeiras exportações de arroz para a Venezuela.

A produção, o armazenamento e o beneficiamento, todos passam por um processo com base na certificação participativa que conta, atualmente, com um organismo de controle social (OCS) e com um organismo participativo de avaliação de conformidade (Opac). Também ocorre a certificação por auditoria.

Este processo de controle social proporcionado pela certificação participativa gerou um sistema de garantias que zela pela qualidade dos produtos para a sociedade. Organizou-se também um processo de segregação no armazenamento por escopo de produção, facilitando a rastreabilidade.

A geração de conhecimentos pelas famílias camponesas assentadas e a sua complexa estrutura organizativa, lastreada na cooperação, na participação democrática, de base ecológica, dinamizada pelo coletivo denominado grupo gestor do arroz ecológico são expressões da resistência ativa dos camponeses. Estas informações já indicam a amplitude e a grandeza da experiência em curso nos assentamentos do MST gaúcho, sendo talvez a maior experiência agroecológica e de cooperação agrícola deste movimento social no Brasil.[3]

Ainda que exitosa, esta experiência apresenta também limites de natureza técnico-produtivo, de infraestrutura produtiva, comerciais e de natureza organizativa. Ao analisar esta experiência, requer-se problematizar se ela efetivamente se sustenta como uma alternativa ao modelo de desenvolvimento capitalista, gerando processos emancipatórios, não alienantes, centrados em princípios distintos do capital que realmente ajudem as famílias a superar os seus problemas de reprodução social, ajustadas aos recursos naturais por elas manejados, gerando formas de resistências e de identidades que redesenhem o seu território.

***

Este livro é produto da pesquisa de doutoramento do autor, junto ao Programa de Pós-Graduação em Geografia da Universidade Federal do Rio Grande do Sul (Posgea/UFRGS), desenvolvida entre os anos de 2014 e 2017.

---

[3] Conforme matéria na BBC Brasil, de 7 de maio de 2017, com base em afirmações do Irga, o MST se tornou o maior produtor de arroz orgânico da América Latina (disponível em <http://www.bbc.com/portuguese/brasil-39775504>). Conforme indicado por Celso Alves, em entrevista em 2017, o crescimento da produção de arroz ecológico faz dos assentamentos o maior produtor ecológico do RS, correspondendo a 88,5% das áreas com manejo ecológico no Estado.

A descrição e análise desta experiência – e seus limites inseridos nesta pesquisa – tiveram como objetivo compreender o processo de gestão e de geração de conhecimentos implantados a partir do grupo gestor do arroz ecológico, analisando o grau de cooperação desenvolvido entre as unidades de produção familiar e as unidades cooperativadas. Buscou-se também identificar elementos capazes de avaliar se esta alternativa de desenvolvimento baseada em novos princípios de produção e organização estão gerando processos emancipatórios e configurações territoriais que permitam a resistência social.

Desta forma, os sujeitos desta pesquisa são as famílias assentadas na RMPA, seus dirigentes, cooperativas, técnicos envolvidos com o arroz ecológico e o movimento social que organizaram, o MST.

Quanto à abrangência, a pesquisa centrou-se na investigação dos assentamentos da RMPA que possuem produção ecológica de arroz em maior constância e que participam do grupo gestor. São eles:

Tabela 1 – Relação dos assentamentos pesquisados

Município	Assentamento
Nova Santa Rita	Santa Rita de Cássia II
	Capela
	Itapuí
Eldorado do Sul	Integração Gaúcha (IRGA)
	Apolônio de Carvalho
Charqueadas	30 de maio
Guaíba	19 de setembro
Tapes	Hugo Chávez (antigo Lagoa do Junco)
Viamão	Filhos de Sepé
São Jerônimo	Jânio Guedes

Fonte: elaborado pelo autor (2016).

Para a pesquisa de campo trabalhou-se num plano principal com o grupo gestor do arroz ecológico, em suas reuniões, seminários, encontros, dias de campo, capacitações técnicas. Como observado a seguir no capítulo 1, o processo organizativo da produção do arroz ecológico conta com um conjunto de cooperativas. Assim, para o interesse e abrangência da presente pesquisa foram estudadas as práticas organizativas da Cooperativa dos Trabalhadores Assentados da Região de Porto Alegre Ltda, (Cootap), participando também das reuniões do seu conselho deliberativo e do conselho administrativo, além de reuniões com o departamento técnico desta cooperativa. Ainda neste primeiro plano, tratou-se de pesquisar o MST da região metropolitana, participando especialmente do seu encontro regional. Em todos estes espaços, além de vivenciar os processos citados, realizou-se entrevistas com as respectivas lideranças, diretores e técnicos, bem como, recolheu-se diversas informações primária desta experiência.

Em um segundo plano, tratou-se de entrevistar dirigentes das cooperativas participantes do grupo gestor, como a Cooperativa de Produção Agropecuária de Nova Santa Rita Ltda (Coopan), Cooperativa de Produção Agropecuária dos Assentados em Tapes Ltda (Coopat), a Cooperativa de Produtores Orgânicos da Reforma Agrária de Viamão Ltda (Coperav), além de entrevistar a Associação 15 de Abril, em Charqueadas, e lideranças de grupos de produção nos assentamentos em Nova Santa Rita, Eldorado do Sul e São Jerônimo. Também se buscou compreender a dinâmica do principal distrito de irrigação do grupo gestor, localizado no assentamento Filhos de Sepé, em Viamão, participando de reuniões do distrito e realizando entrevistas com um conselheiro irrigante e com o departamento técnico, recolhendo diversos materiais que contribuíram como fonte primária de informação.

Neste processo de pesquisa também se recorreu às entrevistas a alguns técnicos da Cooperativa de Trabalho em Serviços Técnicos Ltda (Coptec), que atuavam nos assentamentos de Nova Santa Rita, Eldorado do Sul e Viamão. Também foram entrevistados os técnicos que compõem a equipe de certificação, vinculada atualmente à Cooperativa Central dos Assentamentos do Rio Grande do Sul Ltda. (Coceargs).

Também foram realizadas entrevistas com profissionais vinculados ao Instituto Rio Grandense do Arroz, assim como um arrendatário "Catarina"[4] que atua na produção de arroz convencional no município de Eldorado do Sul.

Salienta-se que as entrevistas realizadas tiveram por base temas, a serem pesquisados, relativos: ao desenvolvimento histórico da experiência; aos aspectos organizativos com ênfase no funcionamento do grupo gestor e sua relação com as cooperativas e com o MST, e o funcionamento dos grupos de produção do arroz nos assentamentos; aos aspectos técnico-produtivos e comerciais.

Realizou-se ampla revisão bibliográfica em torno dos temas e conceitos vinculados a esta pesquisa, destacando-se a história de ocupação da RMPA, a descrição do que se compreende por agronegócio, por território e por trabalho, objetivação e ética.

As pesquisas bibliográficas contaram com o levantamento de dados secundários, tendo no IRGA um importante espaço de investigação, tanto em sua biblioteca em Cachoeirinha quanto na sua sede em Porto Alegre, onde estão as informações históricas da produção do arroz no Rio Grande do Sul. Contou-se

---

[4] Pequenos agricultores oriundos de Santa Catarina, que se estabeleceram nas várzeas da região metropolitana de Porto Alegre, tornando-se médios produtores que arrendam terras para o plantio de arroz convencional, tendo por base a técnica do arroz pré-germinado.

também com o estudo de fontes secundárias como a Companhia Nacional de Abastecimento (Conab) e o Instituto Brasileiro de Geografia e Estatística (IBGE).

Realizou-se um levantamento de monografias, dissertações e teses sobre o arroz ecológico nos assentamentos da região metropolitana de Porto de Alegre (RMPA), sendo importante fonte secundária de informações sobre os manejos técnicos desta experiência.

Cabe esclarecer também que a motivação por este tema de pesquisa está profundamente relacionada à trajetória do autor. Envolvido com o MST desde 1987, quando ainda era estudante de agronomia atuando como apoiador deste movimento social no estado do Mato Grosso do Sul, tornando-se a partir de 1990, membro desta organização, sempre esteve envolvido com a dinâmica organizativa da produção nos assentamentos de reforma agrária. Em especial, a partir de 1992, quando em São Paulo, passa a contribuir com Confederação das Cooperativas de Reforma Agrária do Brasil Ltda (Concrab), como secretário executivo desta entidade. Transferindo-se para o Rio Grande do Sul, em 2004, passou a atuar na Cooperativa Central dos Assentamentos do Rio Grande do Sul Ltda (Coceargs), tendo contato mais efetivo com a experiência do grupo gestor do arroz ecológico e com ele contribuindo nos debates políticos promovidos pelo MST na região metropolitana.

Atualmente o autor participa do coletivo de produção da Coceargs, focando a dimensão pedagógico-formativa, visto que este movimento desenvolve dois cursos de graduação universitária; em parceria com instituições de nível superior de agronomia com a Universidade Federal da Fronteira Sul (UFFS) e o de medicina veterinária, com a Universidade Federal de Pelotas (UFPel). Ambos os cursos possuem duas turmas apoiadas pelo Programa Nacional de Educação na Reforma Agrária (Pronera).

Esta vivência no interior deste movimento social facilitou as entrevistas, buscas de dados e participação nos diversos espaços anteriormente citados.

***

Este livro está organizado em quatro capítulos. O primeiro faz uma breve caracterização ecológica da várzea na RMPA e a descrição do processo histórico de ocupação recente destas várzeas, chegando até a formação dos assentamentos e a constituição das lavouras ecológicas de arroz.

O segundo procura demonstrar o processo de resistência camponesa desenvolvido pelos assentamentos gerados pela ação do MST; aborda a compreensão do autor sobre o agronegócio e seu impacto junto ao processo de reforma agrária; além de sistematizar a trajetória recente das formulações do MST gaúcho sobre sua política para os assentamentos, compreendidos como territórios em disputa e como força política regional.

O terceiro capítulo apresenta mais detalhadamente a experiência do arroz ecológico, focando sua dimensão organizativa expressa na gestão coletiva de um complexo cooperativo e a geração de conhecimentos a partir dos processos participativos das famílias assentadas e por meio do processo de certificação.

O quarto capítulo traz uma reflexão crítica da experiência à luz dos conceitos de ética e dos complexos valorativos. Revela-se como no cotidiano do ato de trabalho das famílias e grupos, na sua objetivação produtiva, a experiência constrói territórios de resistência ativa e de relações sociais emancipatórias, expressadas num conglomerado cooperativo, democrático, popular e de base ecológica. Apresenta também uma síntese de lições/

aprendizagens que esta forma de resistência camponesa nos assentamentos do MST indica para outras experiências. E, por fim, alguns limites que a experiência revela e as ações em curso que o MST vem desenvolvendo para superá-las.

A produção ecológica de arroz nas várzeas da região metropolitana de Porto Alegre (RMPA)

Neste capítulo pretendemos apresentar brevemente o ambiente paisagístico principalmente no que se refere às várzeas da região metropolitana de Porto Alegre (RMPA), destacando o seu ecossistema e o desenvolvimento histórico recente da orizicultura na região onde se inserem os assentamentos pesquisados, introduzindo uma primeira caracterização socioeconômica e organizativa do arroz ecológico.

O ECOSSISTEMA DAS VÁRZEAS

As várzeas são consideradas ecossistemas com elevada produtividade e diversidade de vida, pela sua heterogeneidade espacial e a imensa disponibilidade de nutrientes nestes ambientes.

Para a Fundação Estadual de Proteção Ambiental Henrique Roessler (Fepam), as zonas correspondentes aos banhados e áreas úmidas são zonas de transição terrestre-aquáticas periodicamente inundadas por reflexo lateral de rios e lagos e ou pela precipitação direta ou pela água subterrânea, e que resultam num ambiente físico-químico particular que leva a biota a responder com adaptações morfológicas, anatômicas, fisiológicas, fenológicas e/ou etológicas e a produzir estruturas de comunidade características para estes sistemas.

No Rio Grande do Sul, as várzeas ganharam a denominação de "banhados", termo oriundo do espanhol *bañado*.

Situados nas planícies dos rios, lagos e lagunas, em geral em baixas altitudes (0 à 200 m), os solos de várzea se desenvolveram sobre sedimentos fluviolacustres, lagunares e marinhos das planícies costeiras e de sedimentos aluvionares oriundos de rochas sedimentares, ígneas e metamórficas das depressões, planaltos e serras do Rio Grande do Sul. Estes distintos sedimentos determinam aos solos de várzea grande variação de características de um local para outro com composição granulométrica e mineralógica bastante heterogêneas, refletindo na aptidão do seu uso (Klamt *et al.*, 1985; Pinto *et al.*, 2004).

Pela estrutura do ecossistema da várzea, os solos aí encontrados são mal drenados, tendo característica dominante o hidromorfismo. Esta umidade excessiva está associada a um lençol freático próximo à superfície devido ao relevo e à presença de camadas impermeáveis no subsolo.

Nas várzeas da região metropolitana são predominantes os solos de classe planossolos, hidromórficos, gleissolos, chernossolos, plintossolos e os neossolos flúvicos.

Quanto a sua hidrografia, a RMPA está sob influência da região hidrográfica do Guaíba, composta por nove bacias hidrográficas. O tocante à composição das várzeas, destacam-se a bacia do Lago do Guaíba, a bacia do Rio Caí, a bacia do Rio do Sinos, a bacia do Gravataí e a bacia do Baixo Jacuí.

Sua vegetação predominante são campos e áreas de tensões ecológicas, tensões estas caracterizada pela interpenetração de diferentes formações vegetais, com predomínio de campos e algumas formações arbóreas típicas da região e matas de galeria (Reinart, 2007; Incra, 2007a, 2007b).

Em resumo, as várzeas, em sua estrutura, são ecossistemas complexos, com rica biodiversidade, estando a RMPA, em região de transição ou de tensão ecológica, cuja dinâmica e funcionamento é baseada no hidromorfismo, determinando para estas áreas sistemas ecológicos altamente produtivos.

A OCUPAÇÃO DAS VÁRZEAS NA RMPA

As várzeas foram efetivamente ocupadas com o desenvolvimento do cultivo do arroz irrigado, em base a uma produção tipicamente capitalista.

A introdução do arroz irrigado no Rio Grande do Sul, como prática sistemática de manejo das várzeas, ocorreu no início do século XX, num contexto econômico da República Velha que ao buscar proteger e estimular as atividades cafeeiras geraram condições para a organização da produção nas várzeas gaúchas.[1]

Os primeiros ensaios de produção irrigada de arroz ocorreram em Cachoeira do Sul, em 1892, à margem do Arroio Santa Bárbara e, em Pelotas, em 1903, à beira do Arroio Pelotas, tendo ali a primeira lavoura de arroz com mecanização do levante de água e o financiamento da lavoura a partir de dois industriais[2] (Beskow, 1986).

---

[1] Buscando reduzir o déficit orçamentário gerado pela política de defesa do café, estabeleceu-se uma política tarifária penalizando os produtos importados, dentre eles o arroz. Ao mesmo tempo desvalorizava-se a moeda nacional para estimular as exportações de café, encarecendo as importações de alimentos. Acrescenta-se a este ambiente econômico, o processo inflacionário existente imputando aumentos expressivos no preço do arroz (Beskow, 1986).

[2] De acordo com Beskow (1986), a empresa rural pertencia aos irmãos Lang, tendo a orientação técnica de campo sob os cuidados de A. Saenger.

Instala-se, assim, a produção agrícola tipicamente capitalista no Rio Grande do Sul, com base na monocultura, na grande escala, com meios mecânicos (irrigação e preparo do solo) implicando o aporte elevado de capital, o emprego de fertilizantes químicos, o arrendamento da terra sob a forma capitalista e o emprego do trabalho assalariado (Beskow, 1986).

A RMPA foi impactada por este processo, sendo a orizicultura introduzida nos municípios de Guaíba e Gravataí ainda em 1903, até então envolvidos com a pecuária (Mertz, 2002).

A atividade do arroz irrigado apresentava alta mecanização dos seus processos, de maneira que em 1920, 40% dos tratores e 68% das ceifadoras existentes no RS se encontravam nas lavouras de arroz; 60% dos arados, 70% das grades e 40% dos cultivadores também estavam ali (Beskow, 1986).

Neste contexto de expansão, os produtores de arroz – os "granjeiros" – enfrentam a primeira crise de preços do arroz. Em 1926, os preços médios declinaram abaixo de 50%, as exportações para a região da Prata reduziram e a concorrência da produção paulista aumentou. Em meio a esta crise econômica, os produtores de arroz organizaram em 1926, o Sindicato Arrozeiro (Beskow, 1986; Bofill, 2007).

Na década de 1940, o arroz irrigado viveu novo impulso: seja pelo impacto do ciclo industrializante por que passava a economia brasileira, por meio de um processo de substituição das importações (PSI) iniciado pelas restrições geradas com a Segunda Guerra Mundial, determinando a ampliação do mercado nacional de arroz; seja pela organização da carteira de crédito agrícola e industrial (Creai) pelo Banco do Brasil, a partir de 1940, marcando o início do financiamento subsidiado ao arroz (Beskow, 1986). Nessa época também o sindicato arrozeiro se converte em autarquia estadual, constituindo-se o Instituto Rio Grandense do Arroz (Irga) em 1940 (Beskow, 1986; Bofill, 2007; Silva Neto e Basso, 2005).

A orizicultura na região metropolitana não fugirá deste processo geral ocorrido no Rio Grande do Sul; ao contrário, será determinado por ele. Assim veremos nas décadas de 1940 e 1950 a expansão da atividade orizícola na RMPA.

Este sistema produtivo sofrerá modificações, na década de 1960, em sua base técnica de produção com a introdução de novas variedades, mas, sobretudo, com a intensificação do processo de mecanização da produção. Este processo reduziu a demanda de força de trabalho na orizicultura, como também ampliou a capacidade de bombeamento de água implicando no aumento da área plantada, no aumento da produtividade e, consequentemente, no aumento da produção.

Inicia-se, aqui, um processo de modernização conservadora, conduzida pelo Estado brasileiro, agora dirigido por um governo repressivo e autoritário, formado a partir de um golpe político de natureza civil-militar.

Ao assumir o governo em 1964, os militares realizaram a reforma bancária, criando, entre outras mudanças, as condições para a organização do Sistema Nacional de Crédito Rural, institucionalizado em 1965, mas que realmente inicia seu funcionamento a partir de 1967.[3]

Cabe ressaltar que para a orizicultura será elaborado em 1978, mas com decreto em 1981, o Programa de Aproveita-

---

[3] Com volumosa oferta de recurso subsidiado, diversos setores da agricultura brasileira irão se modernizar, apoiados numa indústria voltada para a agricultura instalada no Brasil durante a década de 1960, após o Plano de Metas do governo de Juscelino Kubitschek, quando constituiu-se a indústria de bens de capital. A modernização do latifúndio foi a resposta política dos militares frente à ofensiva camponesa pela reforma agrária, desenvolvida nas décadas de 1950 e 1960.

mento Racional das Várzeas Irrigáveis (Provárzea), que no Rio Grande do Sul priorizou a drenagem das várzeas e a infraestrutura de captação e armazenamento de água. Distintamente, em Santa Catarina o Provárzea apoiou a sistematização das pequenas áreas de várzeas criando condições para o uso da técnica do plantio pré-germinado (Vignolo, 2008).[4]

Na orizicultura, a década de 1970 marcou a incorporação, ao processo produtivo, de tratores de maior potência, colheitadeiras automotrizes, bombas centrífugas mais eficazes – melhorando o sistema de bombeamento de água –, melhoria na infraestrutura de canais de irrigação e drenagem e de armazenamento de água. Este conjunto de melhorias possibilitou a ampliação da área plantada, incorporando ao processo produtivo áreas planas com maiores altitudes, sobretudo nas regiões da campanha e da fronteira oeste gaúcha. Também introduzia-se cultivares americanas, sobretudo a Bluebelle, que substituíram as cultivares tradicionais (Beskow, 1986).

O impacto deste processo modernizante conservador na orizicultura gaúcha foi enorme. Entre 1973-1974 e 1984-1985, ocorre o aumento da área colhida em 167,5%, atingindo 726.135 hectares e um aumento na produção de 222,7%, chegando a 3.444.575 toneladas (Irga, 2015). Neste ciclo, a participação do arroz gaúcho na produção nacional saltou de 24,6% para 38% (Beskow, 1986).

Este período de crescimento e expansão será freado em meados dos anos 1980 quando o modelo de financiamento da agricultura brasileira entra em crise.

---

[4] As distintas formas de ação entre estes dois Estados revelam os interesses de quem dirigia e coordenava o Provárzea. No caso do Rio Grande do Sul, esteve sob o controle dos "arrozeiros" (grandes plantadores) que ditavam o funcionamento do Irga, órgão responsável, juntamente com a Emater, para a execução do Provárzea (Vignolo, 2008).

A década de 1980 trouxe mudanças profundas na sociedade brasileira. Do ponto de vista econômico, entra-se num período de estagnação e de processo inflacionário elevado; do ponto de vista político, a sociedade brasileira afasta os militares do comando, pondo fim à ditadura civilmilitar, restaurando a democracia burguesa, denominada de Nova República.

Neste novo ambiente teremos um conjunto de planos econômicos de 1986 a 1994[5] afetando as políticas para a agricultura brasileira. Sobretudo pela introdução de um índice para a correção monetária, frente à inflação galopante naquele período, bem como a elevação das taxas de juros dos mesmos implicando um ciclo de endividamento (Del Grossi e Graziano da Silva, 2008; Bofill, 2007). Também ocorreu um descasamento entre a correção dos saldos devedores dos financiamentos e os índices de correção dos preços mínimos dos produtos. Além da importação de produtos agrícolas buscando reduzir o preço dos alimentos no mercado interno (Del Grossi e Graziano da Silva, 2005; Bofill, 2007).

Com o plano real as importações de produtos alimentícios, inclusive de arroz, impactaram negativamente a orizicultura, implicando na redução da área plantada e da produção. Em 1994-1995, a área plantada no RS foi de 929.869 ha, sendo colhido 4,8 milhões de toneladas de arroz. Já em 1996-1997, a área plantada recuou para 779.543 ha, obtendo 4 milhões de toneladas (Irga, 2015).

Para Claudio Fernando Braiwer Pereira (entrevista, 2015), técnico agrícola e presidente do Irga entre 2011 e 2014, o efeito

---

[5] Planos econômicos do período: entre 1986-1987 efetiva-se o plano cruzado I e II e o plano Bresser. Em 1989, o plano verão. Em 1990-1991, o plano Collor I e II e, em 1994, o plano real.

deste processo de endividamento,[6] preços baixos e importações de arroz, levou na primeira metade dos anos 1990, à falência dos orizicultores tradicionais que foram substituídos por outros arrendatários.

O crescimento de produtividade, nas décadas de 1990 e 2000, decorrerá de um conjunto de inovações tecnológicas introduzidas nas lavouras de arroz destacando-se a introdução de novas cultivares e das práticas do cultivo mínimo e do plantio direto.

No tocante às cultivares, foram introduzidas as subespécies índica (BR-Irga 409 e 410), de porte baixo, folhas eretas, maior perfilhamento, logo maior produtividade e com grãos longo fino. Ocorre que estas cultivares apresentavam maior dormência,[7] sendo transferida para o arroz vermelho (principal "inço" da lavoura de arroz) ampliando sua vida no solo.

---

[6] Quanto ao endividamento agrícola, será encaminhada durante os dois mandatos do governo de Fernando Henrique Cardoso, duas soluções a esta questão. A primeira em 1995, por meio da securitização das dívidas dos contratos inferiores a 200 mil reais, tendo, em 1998, resolução do Conselho Monetário Nacional prorrogando os vencimentos das dívidas e, em 1999, Medida Provisória, depois convertida em lei, alongando os prazos de vencimento dos débitos do crédito rural. Apesar destas sucessivas prorrogações de prazos, em 2002, ocorreu uma segunda securitização, alongando os prazos de pagamento para 25 anos com juros fixos de 3% a.a. e transferindo os risco das operações para o Tesouro Nacional, tornando-se assim uma dívida pública. A segunda solução foi estabelecida em 1998, com o Programa Especial de Saneamento de Ativos (Pesa), para os contratos acima de 200 mil reais, onde 70% do volume renegociados eram de contratos acima de R$ 1 milhão de reais (Del Grossi e Graziano da Silva, 2005). Estudo da Oxfam Brasil (2016) indicou que por meio da Medida Provisória, n. 173, de junho de 2016, assinada pelo presidente Michel Temer, permitiu aos produtores rurais inscritos na Dívida Ativa da União e com débitos originários das operações de securitização e do Pesa, liquidassem seus saldos devedores com um rebate (subsídio) entre 60% a 95%. O estudo indicou, por exemplo, que dívidas acima de R$ 1 milhão deverão ter descontos de 65%.

[7] O termo dormência de sementes aplica-se à condição das sementes viáveis que não germinam apesar de lhes serem fornecidas as condições ambientais adequadas para germinarem (ex. água e temperatura convenientes). Este fenômeno

Quanto aos manejos da lavoura de arroz, foi introduzido, no final dos anos 1980, o cultivo mínimo e o plantio direto. Estes manejos se consagraram na orizicultura de tal forma que na Safra 2013-2014, 74% das áreas foram cultivadas com o manejo do cultivo mínimo, ficando o preparo das áreas com o método convencional reduzido a 15,7% (Sociedade Sul-Brasileira de Arroz Irrigado, 2014).

As inovações tecnológicas na orizicultura seguiram na década de 2000. O Irga, analisando os dados de final dos anos 1990, constatou que a concentração da produção dos orizicultores gaúchos estava na faixa de baixa produtividade. Pesquisas[8] indicaram a necessidade de um ajuste no calendário agrícola para a lavoura de arroz, antecipando o preparo de solo para maio e junho, e plantio em setembro, tendo em vista que a maioria das cultivares adotadas naquele período, no RS, eram de ciclo médio, com o plantio antecipado se aproveitaria melhor o período de insolação influindo positivamente na produção (Irga, 2012).

Destas inovações tecnológicas, cabe destacar a "parceria" entre o Irga e a transnacional alemã Basf que, em 2003, lançaram o Sistema Clearfield, inaugurando o ciclo do uso intensivo de herbicidas nas lavouras de arroz, na busca do controle do arroz vermelho (planta espontânea, concorrente ao arroz).

---

provém da adaptação das espécies às condições ambientais em que se reproduzem. É, portanto, um recurso utilizado pelas plantas para germinarem na época apropriada ao seu desenvolvimento, e que visa a perpetuação da espécie.

[8] O Irga institui um programa de pesquisa e de difusão de manejos denominado "Projeto 10", iniciado em 2001-2002 com experimentos na região de Dom Pedrito, determinando um novo calendário de plantio, antecipando o preparo de solo das lavouras.

A cultivar Irga 422 CL apresenta um gene resistente ao herbicida Imazetapir e Imazapique,[9] abrindo caminho para a geração de arroz mutagênico. Se na safra 2003-2004 foram plantados 4.500 ha, em 2005-2006, a cultivar Irga 422 CL já ocupava mais de 200 mil ha.

A segunda geração de arroz mutagênico já está no mercado a partir da cultivar Irga 424 CL. Esta segunda geração foi desenvolvida pelo fato de o arroz vermelho ter adquirido resistência ao herbicida.

O lançamento do arroz mutagênico implicou, no Rio Grande do Sul, na redução do tempo de pousio das áreas infestadas com arroz vermelho, ampliando desta forma a área plantada de arroz, saltando, na safra de 2002-2003, de 955.101 ha para 1.166.660 ha na safra 2010-2011. A incorporação de áreas para a orizicultura fez dobrar a produção naquele período (Irga, 2015).[10] Isto explica em partes a crise dos preços do arroz.

Outra novidade recente nos manejos técnicos do arroz irrigado foi a introdução da rotação com a soja. Estimulado pelos altos preços recebido pela saca da soja, as áreas de pousio passaram, a partir de 2009-2010, a ser cultivadas com soja, chegando na safra 2013-2014 a mais de 287 mil hectares, com uma produtividade 2.046 kg/ha. Produtividade baixa, mas compensada pelos preços elevados (Irga, 2015b).

Atualmente, a orizicultura estabilizou-se em torno de 1 milhão/ha plantados no RS, com uma produtividade média em torno dos 7 mil kg/ha.[11] Para Vitor Hugo Kayzer esta área

---

[9] A marca comercial deste princípio ativo é o Only, produzido pela empresa Basf.

[10] A produção salta de 4,7 milhões de toneladas, em 2002-2003, para 8,9 milhões de toneladas em 2010-2011 (Irga, 2015).

[11] Na Safra 2015-2016, a área colhida no RS foi de 1.055.560 ha com uma produção de 7,2 milhões de toneladas (Irga, 2016). Na safra 2017-2018, a área colhida

plantada não aumentará em virtude das dificuldades de obtenção de água para a irrigação.[12]

A orizicultura na RMPA, como já indicado, não se distingue do processo geral ocorrido com o arroz no RS. Ela se expande, moderniza-se, chegando na safra de 2015-2016 com 86.178 ha de área colhida, com produtividade média de 6.524 kg/ha.

Ocorre que a RMPA acrescentou a este processo geral vivido pela orizicultura gaúcha outros três aspectos importantes em sua caracterização neste período: a) a presença de pequenos agricultores catarinenses, introduzindo os manejos de arroz pré--germinado; b) a estrutura fundiária com a média propriedade caracterizando a RMPA; c) a menor produtividade do arroz na RMPA frente outras regiões.

A presença de pequenos agricultores catarinenses nas várzeas da região metropolitana requer destaque, pois ela influirá nos assentamentos desta região. O processo de arrendamento em meados da década de 1990, quando ocorreu a falência de grandes arrendatários em virtude da crise do endividamento agrícola e a crise dos preços do arroz, começou a ser efetuado por pequenos agricultores oriundos de Santa Catarina, que no período do verão passaram a plantar arroz nas várzeas da RMPA.

Para Altacir Bragado (entrevista ao autor, 2015) – presidente da Cootap, assentado e produtor de arroz ecológico no PA Integração Gaúcha –, diversos destes agricultores catarinenses vieram com sua mão de obra familiar e com suas máquinas (em alguns casos, máquinas emprestadas de parentes), mas com

---

foi de 1.066.109 ha obtendo uma produção de 8,4 milhões de toneladas (Irga, 2018).

[12] Ainda segundo Kayzer, apesar do Rio Grande do Sul dispor de mais de 3 milhões de hectares propícios ao arroz irrigado, não há atualmente infraestrutura suficiente para ampliar a área irrigada (entrevista, 2015).

capital financiado pelos engenhos de Santa Catarina, sobretudo do município de Turvo/SC.

Ao chegarem à região, introduziram um novo manejo da lavoura do arroz irrigado: o manejo pré-germinado;[13] inadequado às grandes lavouras, visto a exigência da sistematização das áreas,[14] o pré-germinado se estabeleceu na RMPA justamente pelo fato desta apresentar uma estrutura fundiária com um número expressivo de médias propriedades e na medida em que os assentamentos se estabeleceram na região, geraram pequenas propriedades aptas a ele.

Quanto à menor produtividade do arroz na RMPA, pode ser verificada no Censo da Lavoura do Arroz Irrigado 2004-2005, que agrupo os dados em grandes regiões indicando esta diferença de produtividade. Enquanto as regiões da Planície Costeira Interna e da Costeira Externa, que envolvem os municípios da RMPA, geraram 112 sc/ha e 111,8 sc/ha respectivamente, a região da fronteira oeste gerava 135 sc/ha e da campanha 125,5 sc/ha (Irga, 2006).[15] Esta baixa produtividade persiste ainda hoje na região, inclusive nas áreas de assentamento.

---

[13] Atualmente esta prática limita-se a 10% do preparo de solo adotado no RS (Sociedade Sul-Brasileira de Arroz Irrigado, 2014).

[14] Conforme informado em entrevista por Altacir Bragado, o custo, em 2015, para sistematizar um hectare de várzea situava-se entre R$ 1.500,00 e R$ 2.000,00 dependendo da situação do solo (entre 12 a 15 horas-máquina). Custo elevado, quando se projeta uma grande área a ser sistematizada. No entanto, na análise exposta em entrevista ao autor, em 2016, Celso Alves da Silva, coordenador do Departamento técnico da Cootap, atribui a principal razão do pré-germinado não entrar na grande propriedade, pelo fato dos manejos do arroz convencional estarem amarrados/articulados a uma cadeia produtiva muito poderosa, com grandes empresas nas áreas de suprimentos (sementes, venenos, adubos) dificultando o avanço do plantio pré-germinado.

[15] No Censo da Lavoura do Arroz Irrigado de 2000, organizado pelo Irga, o município de Viamão obteve a produtividade de 92 sc/ha, Eldorado do Sul,

Na RMPA é comum a prática contínua das lavouras de arroz nas várzeas. No limite, o pousio é de dois anos, isto quando ele ocorre. Este intenso uso da terra todos os anos explica, em partes, por que a soja não se estabeleceu na RMPA como alternativa na rotação com a cultura do arroz irrigado (além dos limites hidrológicos – encharcamento – de algumas áreas). Tal intensidade de plantio leva ao desgaste dos solos na região, implicando em menor produtividade. Outro fator sugerido por Kayzer (entrevista, 2015), a menor produtividade também se refere ao fato de as áreas arrendadas serem geralmente plantadas em períodos não tão adequados – concentrando o plantio na segunda quinzena de outubro e primeira de novembro – pois os proprietários das áreas retardam a retirada do gado, atrasando o plantio do arroz.

A PRODUÇÃO EM BASE ECOLÓGICA COM TRABALHO COOPERADO NOS ASSENTAMENTOS

A RMPA constituiu em suas várzeas na década de 2000 um novo sistema de produção, organizado com manejos agroecológicos para a produção do arroz irrigado tendo como base o trabalho cooperado entre as famílias assentadas.

Os assentamentos passaram a compor a paisagem da região metropolitana, sobretudo na década de 1990, em meio à crise do endividamento e de preços vivenciado pela orizicultura gaúcha. As famílias assentadas na RMPA, em sua maioria, são oriundas da região norte e noroeste do Estado (descendentes do processo de colonização desta região por meio das "Colônias Novas") que, com o processo de modernização da agricultura brasileira na década de 1970, acelerou a exclusão destas do processo pro-

---

92,8 sc/ha, Guaíba, 90 sc/ha, enquanto que o município de Uruguaiana obteve 123,6 sc/ha e Alegrete 111,2 sc/ha (Irga, 2001).

dutivo. O fato de esses agricultores serem parte constituinte de famílias numerosas instaladas em propriedades pequenas, com área insuficiente para manter todas as novas famílias, provocou a saída de muitos deles: alguns foram para as cidades trabalhar na indústria, que crescia naquele momento; outros foram para as áreas de expansão da fronteira agrícola, atraídos pelos projetos de colonização do governo federal, ocupando novas áreas; mas houve aqueles que resistiram e permaneceram lutando, convertendo-se em "Sem Terra", que organizados pelo Movimento dos Trabalhadores Rurais Sem Terra (MST) promoveram intensas lutas pela terra nas décadas de 1980 e 1990 (Medeiros, 1990).

A Tabela 2 mostra o conjunto de assentamentos federais e estaduais existentes na RMPA, com o ano de criação, número de famílias e área de cada um deles. O MST estava presente na organização desses assentamentos.

Tabela 2 – Assentamentos da região metropolitana

Município	Assentamento	Ano de criação	Nº Fam.	Área total (ha)
Nova Santa Rita	Capela	mai/1994	100	2.169
	Itapuí/Meridional	set/1988	80	1.177
	Santa Rita de Cássia	dez/2005	102	1.667
	Sino	mai/1994	13	361
Charqueadas	30 de Maio	ago/1991	46	850
	Nova Esperança	dez/2013	14	182

	Apolônio de Carvalho	dez/2007	72	943
Eldorado do Sul	Integração Gaúcha	jun/1998	69	1.256
	Fazenda São Pedro	out/1986	100	2.256
	Padre Josimo	jan/1987	22	515
	Colônia Nono-aiense	jan/1992	13	148
	Lanceiros Negros	2014	7	112
Guaíba	19 de Setembro	jan/1992	36	441
São Jerônimo	Jânio Guedes	2005	59	935
Tapes	Lagoa do Junco	out/1995	35	801
Viamão	Filhos de Sepé	1998	376	6.935
Capela de Santana	São José II	jun/1998	13	190
Capivari do Sul	Renascer II	out/2005	7	107
Montenegro	22 de Novem-bro	jun/1992	20	247
Palmares do Sul	Zumbi dos Palmares	abr/2000	57	1.199
Arambaré	Capão do Leão	abr/1996	15	278
	Caturrita	mai/1996	25	561
	Fazenda Santa Maria	out/1995	15	357
Butiá	Santa Tereza	jan/1989	8	432
Camaquã	Boa Vista	abr/1996	32	637
Sentinela do Sul	Recanto da Natureza	jan/1999	9	298
Taquari	Tupi	2013	7	130
	Tempo Novo	ago/1987	13	314

Fonte: elaborado pelo autor (2016).

O processo de territorialização destas famílias pode ser sintetizada em cinco momentos:

a) O primeiro teve início ainda em 1988 com parte das famílias que participaram da ocupação da Fazenda Annoni, em 1985, (município de Sarandi). Formou--se assim os assentamentos Itapuí (município de Nova Santa Rita), Tempo Novo (município de Taquari), Padre Josimo e São Pedro I e II, localizados nos municípios de Eldorado do Sul.

b) O segundo ciclo inicia-se a partir de 1991, com a constituição dos assentamentos 30 de Maio (município de Charqueadas), Caturrita (município de Arambaré), Capela e Sino, ambos localizados no município de Nova Santa Rita e o assentamento São José II, localizado em Capela de Santana; 19 de Setembro (município de Guaíba), Conquista Nonoaiense e Integração Gaúcha, localizados em Eldorado do Sul; 22 de Novembro, município de Montenegro, Recanto da Natureza (município de Sentinela do Sul) e Santa Tereza (município de Butiá).

c) O terceiro período inicia-se a partir de 1995, com os assentamentos Santa Marta e Capão do Leão, ambos localizados no município de Arambaré; assentamento Lagoa do Junco[16] (município de Tapes), assentamento Boa Vista (município de Camaquã), Filhos de Sepé (município de Viamão), Zumbi dos Palmares (município de Palmares do Sul).

d) O quarto momento ocorreu a partir de 2005, com a constituição do assentamento Jânio Guedes (município de São Jerônimo), Santa Rita de Cássia II (município de

---

[16] Rebatizado durante a Romaria da Terra, em março de 2014, como assentamento Hugo Chávez.

Nova Santa Rita), Renascer II (município de Capivari) e Apolônio de Carvalho, em Eldorado do Sul.

e) Nos anos de 2013 e 2014 foram realizados três pequenos assentamentos na região totalizando 35 famílias assentadas em áreas de órgãos públicos estaduais, constituindo-se o assentamento Tupi, no município de Taquari, o assentamento Nova Esperança, em Charqueadas, e o assentamento Lanceiros Negros, em Eldorado do Sul.

Atualmente a região metropolitana do MST está organizada em quatro microrregiões (Eldorado do Sul, Nova Santa Rita, Viamão e Encruzilhada do Sul), englobando em torno de 1.300 famílias assentadas.[17]

A maioria dos assentamentos da Tabela 2 possui área de várzea aproveitável para a produção do arroz irrigado. Mas, a experiência produtiva anterior das famílias era de cultivo em terras secas, "altas", sobretudo com a produção de grãos e de leite, não possuindo, em seu acervo tecnológico, domínio da cultura do arroz irrigado, tendo, portanto, que aprender a utilizar as terras "baixas" (várzeas).[18] Além, claro, destas famílias, ao chegar aos assentamentos, estarem descapitalizadas pelo longo período de vida nos acampamentos (Coptec, 2009, 2010a, 2010b).

---

[17] Cabe esclarecer que formalmente na RMPA, não se inclui os municípios de Encruzilhada do Sul, Tapes e Taquari. Mas para a organização do MST, os assentamentos ali localizados organizam-se pela região denominada de metropolitana. Nesta pesquisa, a microrregião de Encruzilhada do Sul foi desconsiderada por não possuir assentamentos com produção de arroz.

[18] Esta era a condição de todas as famílias assentadas, nenhuma sabia produzir arroz irrigado. Exceção para as 10 famílias do assentamento Filhos de Sepé que vieram do Banhado do Colégio em Camaquã; eram filhos de assentados do tempo do governo Leonel Brizola e trouxeram conhecimento e maquinário para aquele assentamento.

Estes dois elementos – falta de recursos e de conhecimento técnico para lidar com as várzeas – explicam, em certo sentido, o fato de na década de 1990, boa parte do arroz irrigado ser plantado nos assentamentos por agentes externos.

O processo de luta pela terra também proporcionou um forte processo organizativo da produção, existindo nesta região três cooperativas coletivas[19] (Cooperativa de Produção Agropecuária de Nova Santa Rita Ltda [Coopan], em Nova Santa Rita; Cooperativa de Produção Agropecuária dos Assentados de Charqueadas Ltda [Copac], em Charqueadas; e Cooperativa de Produção Agropecuária dos Assentados em Tapes Ltda [Coopat], em Tapes), uma cooperativa de comercialização local em Viamão (Cooperativa de Produtores Orgânicos da Reforma Agrária de Viamão Ltda [Coperav]) e uma cooperativa de prestação de serviços e comercialização de âmbito regional (Cooperativa dos Trabalhadores Assentados da Região de Porto Alegre Ltda [Cootap]), com sede em Eldorado do Sul.

As experiências de plantio de arroz irrigado nos assentamentos tiveram início com o desprendimento de algumas famílias assentadas, parte delas organizadas em cooperativas coletivas que passaram a plantar nas várzeas produzindo com seus próprios recursos. Entretanto, toda esta produção, na década de 1990, era convencional, apoiando-se no pacote tecnológico químico, genético e mecânico.

---

[19] As cooperativas coletivas no MST denominam-se Cooperativas de Produção Agropecuária (CPA). Estas cooperativas fazem parte de um ciclo de orientação da política de cooperação agrícola do MST que na primeira metade dos anos 1990 priorizou a organização destas empresas coletivas, sendo formadas ainda durante a vivência do acampamento. No RS existem atualmente cinco CPAs fruto deste ciclo organizativo (além das três já citadas, existem a Coptar no município de Pontão e a Copava, em Piratini).

Cabe destacar que no final dos anos 1990, boa parte dos agentes externos que plantavam nos assentamentos eram oriundos de Santa Catarina, introduzindo o cultivo pré-germinado nestas áreas e com eles a sistematização das várzeas nos assentamentos. Foi no contexto de profunda crise da orizicultura que se iniciaram as primeiras experiências de plantio de arroz ecológico. Conforme indicado por Medeiros *et al.*, (2013, p.13),

> Isto porque, nos anos 2000, uma parcela significativa dessas famílias envolvidas com a produção do arroz convencional acumulava dívidas decorrentes dos altos custos de produção pelo uso de insumos externos, como agrotóxicos além dos baixos preços do arroz no mercado.

Motivados pelos assentados que já praticavam a agroecologia na produção de hortaliças, as primeiras lavouras de arroz ecológico foram implantadas em pequenas áreas, gerando confiança para sua ampliação.

A experiência ecológica do arroz irrigado nos assentamentos da RMPA, iniciou na safra de 1998-1999, em pequenas experiências (por exemplo a Coopan, com três hectares) como resposta à profunda crise dos preços do arroz convencional, que determinou a falência de diversos arrendatários e a insolvência financeira da Cootap (cooperativa regional) pela inadimplência no pagamento dos financiamentos assumidos com o Programa de Crédito Especial para a Reforma Agrária (Procera).

No caso da Coopan, para Airton Rubinich (entrevista para o autor, 2015), dirigente desta cooperativa, o plantio convencional de suas várzeas em parceria com os "catarinas" pressupôs a presença de seus associados em vários momentos dos manejos da lavoura irrigada, permitindo a apropriação da técnica do arroz pré-germinado.

A primeira lavoura de arroz ecológico da Coopan efetivou-se às margens do Rio Cai. Com receio de enchentes, plantaram ali três hectares sem uso de insumos químicos. A produção obteve sucesso, revelando a possibilidade de plantio pré-germinado, sem o uso de venenos e adubos solúveis.

A experiência com o manejo do arroz pré-germinado e com as terras sistematizadas foram fatores decisivos para o êxito das práticas ecológicas das lavouras de arroz irrigado dentro dos assentamentos.

A partir das primeiras experiências das lavouras ecológicas, organizou-se, em 2002, o primeiro Seminário do Arroz Ecológico e o primeiro Dia de Campo. Ali definiu-se que a Cooperativa Regional (Cootap)[20] deveria ser reorganizada atuando sobretudo na secagem/armazenagem do arroz e na comercialização da produção, abandonando a prestação de serviços de máquinas.

Em 2004, constituiu-se o grupo gestor do arroz ecológico revelando a qualificação do processo organizativo das famílias.[21] Neste mesmo ano, inicia-se o processo de certificação orgânica.

O grupo gestor do arroz ecológico tornou-se o espaço de articulação dos assentados, organizados em grupos de produção, associações e em cooperativas de base, destacando--se a Coopan, Copac, Coopat e a Coperav. Além disso, ele tornou-se, assim, uma metodologia organizativa para viabilizar a gestão participativa nas diferentes fases do arroz ecológico; importante mencionar que ele não se confunde com a cooperativa regional (Cootap), pois trata de aspectos

---

[20] Fundada em 18 de novembro de 1995, com 218 associados, contava em 2017 com 1.472 sócios.

[21] A partir de 2005 o MST gaúcho passa a discutir o planejamento estratégico por meio do método da validação progressiva (MVP), desenvolvida por Horacio Martins de Carvalho. Este processo influenciará a dinâmica do grupo gestor do arroz, tendo o planejamento como um dos seus elementos constitutivos.

que transcendem a dimensão econômica como, por exemplo, a produção de conhecimentos.

Rapidamente o grupo gestor do arroz foi compreendendo que o controle da água era determinante na disputa política do modelo produtivo; quem controlava a água, controlava o destino da produção do arroz e seus respectivos manejos técnicos.

Desta forma, para a experiência do arroz ecológico avançar, era necessário organizar os distritos de irrigação nos assentamentos e com ele controlar e coordenar o uso da água.

O primeiro distrito foi organizado em 2007, no PA Filhos de Sepé, em Viamão. A partir dos conflitos ambientais daquele assentamento, as famílias organizaram uma associação (Aafise) que passou a ser a concessionária autorizada pelo Incra para operar o distrito de irrigação.

Se nos primeiros anos de vida o grupo gestor focou a organização da produção e tratou de gerar e dominar os conhecimentos técnicos do arroz irrigado pré-germinado, logo vieram as demandas de espaços específicos de secagem e armazenagem próprias de um processo de produção ecológica.

Tratou-se de organizar uma estratégia em que o arroz fosse colhido, secado e armazenado o mais próximo possível das áreas de produção, gerando seis locais de armazenamento, sendo dois em Eldorado do Sul, um em Nova Santa Rita, um em Tapes e dois em Viamão.

Outros desafios se colocaram ao grupo gestor, destacando-se a necessidade de controlar a produção de semente de arroz para todo o sistema. Assim, a partir da safra 2006-2007, o grupo gestor definiu alguns agricultores que teriam a tarefa de produzir sementes das variedades Irga 417, Epagri 108 e Cateto.

Na safra 2016-2017, contou-se com 86 agricultores, produzindo em 232 há e obtendo 23.200 sacas de semente de arroz, sobretudo das variedades Irga 417 e Epagri 108.

A Figura 1 localiza os assentamentos federais da Região Metropolitana que passaram a produzir arroz ecológico neste processo organizativo.

Figura 1 – Mapa dos assentamentos federais da RMPA com cultivo do arroz ecológico

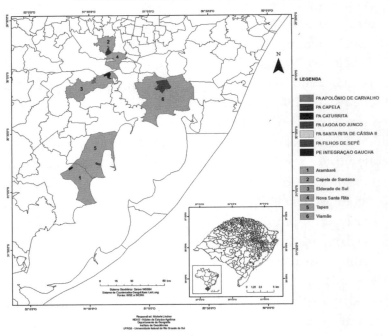

Fonte: elaborado pelo autor (2017).

Com o avanço da comercialização, o desafio do controle do processamento se fez presente e duas cooperativas de base, a Coopan e a Coopat, que assumiram os engenhos, processando o arroz para o conjunto do sistema. Em 2008, edifica-se os engenhos de arroz ecológico da Coopan (Nova Santa Rita) e da Coopat (Tapes) sendo decisivos no processo de secagem/armazenagem e, sobretudo, de beneficiamento da produção ecológica.

A comercialização manteve-se centralizada na Cootap, com uma marca comum: Terra Livre. Em 2014, a Cootap comercializou 122.137 mil sacas de arroz ecológico para o Programa Nacional de Alimentação Escolar (PNAE), representando 71% do volume comercializado e 36.517 sacas para o Programa de Aquisição de Alimentos (PAA), modalidade compra institucional, representando 21%.

O grupo gestor, a partir da troca de experiências entre os próprios produtores assentados, dias de campo, visitas a outros agricultores, foi constituindo um acervo técnico-científico na condução das lavouras de arroz ecológico ao longo deste processo organizativo. Este acervo está materializado atualmente no itinerário técnico das lavouras do arroz pré-germinado e busca constituir orientações de procedimentos técnicos ao longo do ano agrícola para garantir uma boa qualidade de produção primária. Este instrumento técnico também baliza a ação de todos os grupos produtivos e incorpora um conhecimento científico gerado pelos agricultores inexistente nas instituições públicas de pesquisa, seja a Embrapa, seja a Fepagro, seja a Irga.

Em seguida veio a certificação orgânica e a normatização dos procedimentos técnicos. Atualmente o arroz ecológico é certificado de duas formas: uma, via entidade de inspetoria externa, pelo Instituto do Mercado Ecológico (IMO), garantindo a certificação por auditoria; outra, via a certificação participativa, expressa em um organismo de controle social (OCS) e um organismo participativo de avaliação de conformidade (Opac), ambos vinculados à cooperativa central dos assentamentos do Rio Grande do Sul Ltda, Coceargs. O sistema de certificação participativa via OCS e Opac contavam, em setembro de 2018, com 158 famílias certificadas, organizadas em 30 grupos e seis agroindústrias. A certificação por auditoria envolvia 385 famílias.

Com base no debate realizado pelo MST/RS, a Cootap, no sentido de colaborar com as famílias assentadas em outras regiões que dispunham de várzeas, especialmente na fronteira oeste, a partir da safra 2011-2012, ampliou sua área de ação, contribuindo com as famílias assentadas na região de São Gabriel e, a partir da Safra 2012-2013, com as famílias assentadas no município de Manoel Viana, assentamento Santa Maria do Ibicuí.[22]

A evolução produtiva do arroz ecológico, coordenado pelo grupo gestor, envolvendo a RMPA e as áreas incorporadas em São Gabriel, Manoel Viana e Canguçu, constam nas Tabelas 3 e 4.

Tabela 3 – Evolução das famílias e área plantada de arroz no grupo gestor

Safras	Nº famílias	Área plantada (ha)
2003/04	90	468
2004/05	99	508
2005/06	127	597
2006/07	135	667
2007/08	124	832
2008/09	204	1.200
2009/10	173	1.671
2010/11	311	3.002
2011/12*	313	2.858
2012/13	392	3.126
2013/14	501	4.398

---

[22] Na safra 2015-2016, a Cootap passou a colaborar também com as famílias no assentamento Renascer, no município de Canguçu, Região Sul do Rio Grande do Sul.

2014/15	468	4.766
2015/16	503	5.573
2016/17	579	5.100
2017/18**	445	4.582

Fonte: elaborado pelo autor com base nos dados fornecidos pela Cootap (2018).
* Dado estimado.
** Projeção.

Tabela 4 – Evolução da produção de arroz no grupo gestor

Safras	Produção (sc)
2003/2004	39.738
2004/2005	43.206
2005/2006	50.762
2006/2007	56.670
2007/2008	70.754
2008/2009	102.000
2009/2010	149.560
2010/2011	269.999
2011/2012*	251.504
2012/2013	282.660
2013/2014	426.741
2014/2015	473.168
2015/2016	441.363
2016/2017	487.168
2017/2018**	427.778

Fonte: elaborado pelo autor com base nos dados fornecidos pela Cootap (2018).
* Dado estimado.
** Projeção.

Na safra 2016-2017 este complexo de cooperação envolveu 579 famílias, organizadas em 91 grupos de produção, em 18 assentamentos, localizados em 11 municípios, plantando 5.100 ha, colhendo 487.168 sacas de arroz ecológico, conforme indicado nas Tabelas 3 e 4.

Quanto à região metropolitana de Porto Alegre, a evolução da área plantada, produção obtida e famílias envolvidas, são apresentadas nas Tabelas 5 e 6.

Tabela 5 – Evolução das famílias e área plantada de arroz na RMPA

Safras	Nº famílias	Áreas plantadas (ha)
2003/2004	90	468
2004/2005	99	508
2005/2006	127	597
2006/2007	135	667
2007/2008	124	832
2008/2009	204	1.200
2009/2010	173	1.671
2010/2011	311	3.002
2011/2012*	313	2.858
2012/2013	301	2.655
2013/2014	376	3.489
2014/2015	353	3.438
2015/2016	381	4.483
2016/2017	483	3.993
2017/2018**	395	3.841

Fonte: elaborado pelo autor com base nos dados fornecidos pela Cootap (2018).
* Dado estimado.
** Projeção.

Tabela 6 – Evolução da produção do arroz na RMPA

Safras	Produção (sc)
2003/2004	39.738
2004/2005	43.206
2005/2006	50.762
2006/2007	56.670
2007/2008	70.754
2008/2009	102.000
2009/2010	149.560
2010/2011	269.999
2011/2012*	251.504
2012/2013	244.518
2013/2014	324.526
2014/2015	340.848
2015/2016	320.305
2016/2017	374.805
2017/2018**	354.678

Fonte: elaborado pelo autor com base nos dados fornecidos pela Cootap (2018).
* Dado estimado.
** Projeção.

Com a expansão das áreas plantadas para as regiões de São Gabriel e Manoel Viana, pelo elevado custo que representa hoje a pulverização da armazenagem em diversos pontos e pela quebra de rendimento nos engenhos das variedades atualmente produzidas, a estratégia da produção de arroz está sendo revista e reformulada.

Nessa nova fase caminha-se para a construção de uma indústria de arroz parboilizado no assentamento Lanceiros Negros, em Eldorado do Sul, que já possui financiamento pelo Programa Terra Forte.[23]

Como sugerido por Castello Branco Filho e Medeiros, a cadeia produtiva do arroz ecológico na RMPA, caracteriza-se:

> – Pela produção sem uso de agrotóxicos, sendo o controle de pragas realizado principalmente por meio do manejo de água;
> – pelo uso de semente pré-germinada que é pouco usada no Rio Grande do Sul (corresponde a aproximadamente 10% das sementes usadas no Estado);
> – pela participação direta dos produtores em todas as fases da cadeia (produção, certificação, armazenamento, comercialização), sendo os próprios produtores responsáveis pelas inovações.
> – pelo pouco acesso dos agricultores a políticas públicas (de crédito, de pesquisa científica e tecnológica, bem como de produção e difusão de informações) que viabilizem a dinamização da cadeia produtiva. (Castello Branco Filho e Medeiros, 2013, p. 3)

Ao final da década de 2000 já se constatava que as famílias assentadas constituíram um complexo de cooperação econômico-produtivo e comercial, de base ecológica, organizado em grupos de produtores, cooperativas locais e uma cooperativa regional, dirigido pelas famílias assentadas. Estas controlam

---

[23] O Programa Terra Forte está sob a coordenação do Incra, contando com apoio financeiro do BNDES e da Fundação Banco do Brasil (FBB). Estas instituições participam do Conselho Gestor do Programa. Ocorre que desde 2016, com o golpe político, o Programa encontra-se paralisado.

todas as fases da cadeia produtiva do arroz ecológico, desde o domínio da produção de semente, dos manejos agroecológicos expressos num itinerário técnico, passando pelo controle do beneficiamento do arroz e centralizando a comercialização pela da marca comercial Terra Livre.

Nesta trajetória histórica da ocupação das várzeas na RMPA, o arroz ecológico tornou-se presente, consolidando-se nas várzeas dos assentamentos. E com ele as famílias assentadas e o MST constituíram uma nova força econômica e político-organizativa nesta região.

Os territórios de resistência camponesa: os assentamentos da reforma agrária e o MST

Neste segundo capítulo buscamos apresentar a compreensão sobre o agronegócio, caracterizando-o como expressão de uma nova aliança de classes no campo conduzido pelo capital financeiro. Pretende-se também esclarecer a formulação do MST gaúcho sobre os assentamentos frente à nova correlação de forças no campo; inspirado na estratégia da reforma agrária popular, tratou de organizar os assentamentos como uma força política nas regiões, embasados na produção de alimentos. Tal estratégia ampliou a resistência camponesa, influindo inclusive nas formulações de políticas públicas do governo estadual do Rio Grande do Sul, expressos nos Programas de Qualificação dos Assentamentos e no Plano Camponês.

O AGRONEGÓCIO COMO EXPRESSÃO
DO CAPITAL FINANCEIRO NA AGRICULTURA

O que está por trás do agronegócio é a avalanche neoliberal, levada a cabo em todo mundo pelo capital financeiro,[1] sobretudo a partir das décadas de 1980 e 1990. Este novo impulso econômico vindo da desregulamentação dos capitais, potencializando a acumulação de riquezas pela especulação financeira exigiu do Brasil, no final da década de 1990, a formação de um imenso superávit na sua balança comercial, recompondo assim as reservas cambiais, dando segurança ao capital especulativo internacional para operar na economia brasileira.

Chesnais viu neste novo impulso a "mundialização do capital", na qual

> [...] o estilo de acumulação é dado pelas novas formas de centralização de gigantescos capitais financeiros (fundos mútuos, fundo de pensão), cuja função é frutificar principalmente no interior da esfera financeira. Seu veículo são os títulos e sua obsessão a rentabilidade aliada à liquidez. (Chesnais, 1996, p. 15)

---

[1] O primeiro autor marxista a lançar o conceito de capital financeiro foi o austríaco Rudolf Hilferding em 1910. Sua análise centrava-se no conceito de concentração do capital. Na medida em que a concorrência intercapitalista se desenvolvia, aumentava a composição orgânica dos capitais, chegando ao que ele definiu por concentração técnica do capital, em que a parte circulante se ampliava frente a parte do capital fixo, requerendo uma centralização financeira. Para Hilferding, a concentração do capital era a expressão desta concentração técnica e da centralização financeira. Outros autores contemporâneos de Hilferding também estudaram o capital financeiro, como Vladimir Lenin, na sua obra *Imperialismo: fase superior do capitalismo* (1917) e Nicolai Bukharin em sua obra *A economia mundial e o imperialismo* (1915). Na década de 1990, com a avalanche neoliberal, diversos foram os autores que estudaram o capital financeiro e a globalização, destacando-se François Chesnais (1996; 2005) e, na área da Geografia, os estudos de David Harvey, em especial os livros *O Novo Imperialismo* (2004), *O Enigma do Capital* (2011), este último elaborado após a crise financeira de 2008, *17 Contradições e o Fim do Capitalismo* (2016) e, o mais recente, *A Loucura da Razão Econômica* (2018).

Novos agentes financeiros se fortaleceram com, por exemplo, os diversos fundos de investimentos que captavam dinheiro de setores médios da sociedade (trabalhadores situados nas faixas de melhores remunerações e profissionais liberais) ou captavam recursos da própria burguesia para operar e especular nos mercados financeiros. Também ganharam importância os diversos fundos de pensão (espécie de fundo complementar à aposentadoria) de diferentes categorias de trabalhadores no mundo inteiro, que aplicaram seus recursos em diversos tipos de títulos financeiros, buscando valorizar seus capitais. Atualmente não apenas os bancos, mas também outros agentes financeiros passaram a atuar na especulação.

Para Chesnais, a dinâmica financeira é alimentada por dois tipos diferentes de mecanismos: "a inflação do valor dos ativos (formação do capital fictício); e a transferência efetiva de riqueza para a esfera financeira, sendo o mecanismo mais importante o serviço da dívida pública" (Chesnais, 1996, p. 15).

Dowbor (2017) indicará uma relação muito próxima entre os agentes financeiros e as dívidas públicas dos Estados. Em 2013, 28 grupos financeiros controlavam um volume de capital na ordem de 50 trilhões de dólares, enquanto a dívida pública mundial girava em torno de 51,8 trilhões de dólares.

Este autor indicará também a evolução da dívida pública mundial, dos produtos derivativos e do PIB mundial, entre 2003 e 2013: enquanto o PIB mundial cresceu de 37,8 trilhões de dólares em 2003, para 73,5 trilhões, em 2013, os produtos derivativos saltaram de 197,2 trilhões, em 2003, para 710,2 trilhões de dólares, em 2013. Já a dívida pública mundial, saltou de 23,6 trilhões, em 2003, para 51,8 trilhões de dólares, em 2013 (Dowbor, 2017).

Para Harvey (2004) este processo da financeirização mundial encontra-se situado na acumulação por espoliação, incluindo nela as privatizações de empresas nacionais e de recursos naturais, entre outras ações do capital pelo mundo. Este autor reconhece o peso do capital financeiro neste processo em que os "[...] fundos derivativos e outras grandes instituições do capital financeiro [são] como a vanguarda da acumulação por espoliação em épocas recentes" (Harvey, 2004, p. 123).

Uma das consequências práticas da financeirização da economia mundial foi o acelerado processo de concentração e centralização dos capitais em diversos ramos econômicos que ocorreu porque o mesmo agente financeiro passou a deter o controle acionário de diversas empresas que atuavam em ramos iguais, impondo uma fusão entre elas. Com isso tornavam-se uma empresa única, dirigida por um comitê executivo representante dos principais acionistas, em geral, bancos, fundos de investimento e fundos de pensão. As empresas que já eram grandes, atuantes em vários países (multinacionais), agora se tornaram corporações transnacionais, com orçamentos gigantescos, maiores inclusive do que os orçamentos de muitos governos nacionais.

Aquilo que já era grande tornou-se enorme, implicando numa imensa força econômica e política. Este fenômeno, também foi identificado, por autores de diversas áreas, como globalização. O economista Ladislau Dowbor ilustra bem esta concentração econômica:

> Nos últimos anos tivemos a primeira pesquisa de fundo sobre a rede mundial de controle corporativo pelo Instituto Federal Suíço de Pesquisa Tecnológica, que identificou os 147 grupos que controlam 40% do sistema corporativo mundial, sendo 75% deles bancos. Temos hoje uma visão mais clara sobre os *traders,* 16 grupos que controlam a quase totalidade do comércio de *commodities* no planeta, com raras exceções sediados na Suíça, e responsáveis pelas dramáticas variações de preços de produtos

básicos de toda a economia mundial, como grãos, minerais metálicos e não metálicos, e energia. (Dowbor, 2016, p. 1)

Ao analisar a governança corporativa destas transnacionais, Dowbor identificou uma enorme crise de controle interno advinda da gigantesca complexidade destas corporações, resultando que o único indicador e forma de controle possível é o seu resultado financeiro. Este é a referência de êxito ou não da gestão destas corporações. Dowbor, esclarece que estas corporações,

> [...] controlam milhares de empresas, em dezenas de países ultrapassando frequentemente a centena de setores de atividade econômica. São galáxias com capacidade extremamente limitada de acompanhamento, o que por sua vez leva a que o resultado financeiro seja o único critério acompanhado, por exemplo, a partir da empresa 'mãe' situada nos Estados Unidos ou na Suíça. (Dowbor, 2016, p. 4)

Para Dowbor, as deformações destes gigantes corporativos decorrem em grande medida da sua impotência administrativa,

> Gestores no topo da pirâmide que têm sob sua responsabilidade milhares de empresas em diversos setores de atividade e em diferentes países passam simplesmente a reduzir os objetivos a um único critério, que é o resultado financeiro. Não só porque esta seja a lógica dominante da empresa, mas porque é o único que conseguem medir. Impõe-se assim a uma distante filial submetida a um quinto ou sexto nível de *holdings* financeiras a rentabilidade que deverá atingir, e pouco importa o resto. Entre o engenheiro da Samarco que sugere que precisaria ser reforçada a barragem, e a exigência de rentabilidade da Billiton, da Vale, da Valepar e do Bradesco, a relação de força é radicalmente diferente. O que o gestor da Billiton na Austrália, gigante que controla inúmeras mineradoras no mundo, sabe da Samarco? Os critérios de remuneração e os bônus das diversas diretorias distantes ou intermediárias passam diretamente por este critério de rentabilidade, o que verticaliza a maximização dos resultados financeiros de alto a baixo da pirâmide, gerando um processo ao mesmo tempo coerente e absurdo. (Dowbor, 2016, p. 7)

A especulação financeira chegou também às matérias-primas, em especial às *commodities* agrícolas. De acordo com Ziegler, "os instrumentos por excelências dos especuladores de matérias-primas são o produto derivado[2] e o contrato de futuros" (Ziegler, 2013, p. 279).

Ocorre que com a crise de 2008 diversos agentes financeiros migraram para os mercados de matéria-prima ocasionando aumento de preços dos produtos alimentares de base,[3] sobretudo em 2008 e 2011. Conforme indicado por Ziegler (2013, p. 281),

> [...] como consequência da implosão dos mercados financeiros, que eles mesmo provocaram, os 'tubarões tigres' mais perigosos – acima de todos, os *hedge funds* estadunidenses – migraram para os mercados de matérias-primas, especialmente os mercados agroalimentares.

Este movimento especulativo determinou um expressivo aumento dos preços dos alimentos por todo o mundo, gerando uma nova onda de fome, em especial no continente africano.[4] E, ao analisar os dados da Organização das Nações Unidas para a Agricultura e Alimentação (FAO-ONU) sobre os preços mundiais dos cereais, constata que, em 2008, os preços estavam

---

[2] "Os derivativos são títulos derivados de outros títulos [...]. O que existe de novo é a multiplicação de derivativos, sua utilização das mais diferentes formas e o furor com que se expandiu esse mercado após a desregulamentação dos mercados financeiros internacionais nas duas últimas décadas. Os derivativos são divididos em dois grupos principais: *hedge* e *swap*" (Marques e Nakatani, 2009, p. 40-41).

[3] Conforme esclarece Ziegler (2013, p. 281), "chamam-se alimentos de base o arroz, o milho e o trigo, que, em conjunto, cobrem 75% do consumo mundial (só o arroz cobre 50%)".

[4] De acordo com Ziegler (2013, p. 289), "o Banco Mundial estima que, pelo menos, 44 milhões de homens, crianças e mulheres das classes vulneráveis dos países de renda baixa ou intermediária, a partir de começos de 2011, juntaram-se ao sombrio exército de subalimentados atingidos pela fome, pela desagregação familiar, pela extrema miséria e pela angústia em face do dia de amanhã."

24% acima dos preços praticados em 2007, e 57% superior aos preços de 2006.

Outro indicativo da especulação com matérias-primas, apresentado, refere-se ao volume de contratos negociados em Genebra entre 2005 e 2009:

> o volume de negócios relativos a matérias-primas – operados em Genebra envolvia, em 2005, 1,5 bilhão de dólares, em 2009, 12 bilhões e chegou, em 2010, a 17 bilhões. (Ziegler, 2013, p. 297)

Em meio a este circuito financeiro especulativo, os produtos agrícolas passaram a ser encarados como qualquer outra mercadoria, objeto de apostas neste "cassino" que se tornou o capitalismo contemporâneo. Ziegler denuncia:

> Para os especuladores, os produtos agrícolas são produtos de mercado, como todos os outros. Os especuladores não têm nenhuma consideração particular sobre as consequências que sua ação possa ter sobre milhões de seres humanos, por conta da elevação dos preços. Eles simplesmente apostam 'na alta' – eis tudo. (Ziegler, 2013, p. 284)

Na década de 1990, sob domínio do capital financeiro e sob a lógica política do neoliberalismo, os países dependentes e periféricos passaram a contar com governos neoliberais que implantaram uma política de privatizações das empresas estatais, reduzindo as políticas sociais e desnacionalizando aquilo que ainda restava de capitais privados nacionais. Também datam deste período as exigências do Banco Mundial e do FMI para que se formulassem leis pelos Congressos nacionais, facilitando a plena fluidez de aplicação dos capitais financeiros, abrindo os diversos setores das economias nacionais à sanha voraz do capital internacional. Foi isto que ocorreu com a América Latina nos anos 1990.

Este modelo do capital financeiro também chegou na agricultura. Ao pacote tecnológico químico, genético e mecânico, produto da Revolução Verde introduzido na agricultura brasileira na década de 1960, foi incorporada a biotecnologia, a informática e a irrigação, culminando com um novo discurso ideológico: de que os transgênicos combateriam a fome no mundo, gerando uma agricultura de alta precisão, com menor impacto ambiental, pois levaria à redução do uso de agrotóxicos.

No Brasil, o modelo do capital financeiro na agricultura se expressou no agronegócio. Os governos neoliberais de Collor de Mello e de Fernando Henrique Cardoso, na década de 1990, criaram as condições legais e econômicas para o pleno desenvolvimento do agronegócio na década de 2000.

No entanto, especialmente no primeiro mandato do presidente Fernando Henrique Cardoso, a agricultura brasileira entra em crise. A implantação do Plano Real teve impactos extremamente negativos na agricultura brasileira: ao reduzir a inflação, valorizou artificialmente a moeda nacional frente ao dólar. Este plano teve dois pilares de sustentação. O primeiro foi o imenso arrocho salarial dos trabalhadores ocorrido ao longo dos dois mandatos de FHC. O segundo foi justamente a transferência de renda da agricultura para o setor financeiro, a "âncora verde" do Plano Real.

Como a moeda nacional estava valorizada, importava-se muito, inclusive produtos agrícolas, o que provocava a queda dos preços dos produtos nacionais e com elevadas taxas de juros encarecendo o crédito na economia. Com este ambiente econômico, centenas de estabelecimentos agrícolas foram à ruína, inclusive grandes produtores e arrendatários capitalistas, como ocorrido no setor orizícola. Este fato também determinou uma redução da taxa de lucro na agricultura, implicando na desvalorização do preço das terras. Assim, em meados dos anos de 1990, o latifúndio perdeu sua função no modelo econômico, abrindo espaço para o avanço da Reforma Agrária.

Foi este ambiente econômico de crise da agricultura que permitiu ao MST tornar-se a principal força política de reação e resistência ao projeto neoliberal dos anos 1990 no Brasil.

Apesar da crise da agricultura, na década de 1990 criou-se o ambiente legal, normativo, para surgir o agronegócio. Foram mudanças legislativas, com destaque para a Lei de Patentes e de Cultivares, que abriram caminho para entrada dos transgênicos; a Lei Kandir que isentou do pagamento de ICMS as exportações de produtos primários; e ocorreram, durante o governo FHC, sucessivas renegociações das dívidas do crédito agrícola do setor patronal. Importante destacar que neste ambiente de crise econômica da agricultura a concentração da terra seguiu evoluindo, especialmente com sua desnacionalização.[5]

O agronegócio, portanto, é mais do que um "negócio agrícola" considerando a sua tradução literal de *agribusiness*. Este se tornou um conceito na década de 1950 no âmbito da administração e do *marketing*, desenvolvido pelos professores estadunidenses John Davis e Ray Goldberg. Eles buscaram expressar, com o conceito de *agribusiness*, as relações econômicas (mercantis, financeiras e tecnológicas) entre os setores agropecuários e os setores industriais (seja aqueles que destinavam produtos para a agricultura, seja aqueles que processavam os seus produtos), comercial e de serviços, buscando uma abordagem mais sistêmica frente às análises setoriais então

---

[5] A desnacionalização da economia brasileira foi marcante na década de 1990, atingindo também a agroindústria brasileira, especialmente setores da avicultura e lácteos. No final daquela década, o setor sucro-alcooleiro, fortemente marcado pela presença de empreendimentos dirigidos por famílias tradicionais, passaram a abrir seus capitais, iniciando a presença do capital estrangeiro neste setor.

predominantes. Cria-se as bases teóricas para a abordagem das cadeias produtivas.

O agronegócio, para o contexto brasileiro nas décadas de 2000 e 2010, tornou-se expressão de um aprofundamento do modelo do capital na agricultura, agora hegemonizado pelo capital financeiro. Mas tornou-se também a expressão de uma nova aliança de classes no campo (Martins, 2014).

Na década de 2000, e ainda no presente período, o latifúndio produtivo (empresa rural capitalista), articulado com as empresas transnacionais, organizou a economia agrícola, agora centrada na produção de *commodities* voltada às exportações, blindando os latifúndios improdutivos para a reforma agrária, uma vez que estas terras deveriam ser destinadas às futuras expansões dos investimentos destes capitais, destacando-se os setores sucro-alcooleiro, da celulose e da soja (Martins, 2014).

Esta nova aliança de classes no campo foi e ainda é fortemente amparada pelas políticas públicas dos sucessivos governos, inclusive dos governos neodesenvolvimentistas de Lula e Dilma. Importante registrar que este modelo teve e tem nestas políticas públicas um forte sustentáculo, representando uma transferência de recursos públicos ao agronegócio que, sem elas, teria um efeito muito menor em nossa economia.[6]

---

[6] De acordo com Teixeira (2013), foram várias as políticas públicas que beneficiaram o agronegócio durante os governos neodesenvolvimentistas de Lula e Dilma, como por exemplo: subvenções diretas do Tesouro Nacional aos programas agrícolas, entre os anos 2003 e 2012, desembolsaram anualmente em média 4,4 bilhões de reais. Somente em 2012 foram gastos com subvenções 6,2 bilhões de reais. As compensações aos governos estaduais e municipais da isenção de ICMS das exportações de *commodities* agrícolas, advindas com a Lei Kandir, implicaram, entre 2003/2011, em 38,1 bilhões de reais. Em média um gasto do Tesouro Nacional na ordem de R$ 4,2 bilhões por ano de subsídio às atividades do agronegócio. Já o estudo da Oxfam Brasil (2016), indicou que

Para Delgado, foi nos anos 2000 que se efetivou um novo pacto de economia política no agrário brasileiro.

> Nos anos 2000 o projeto de modernização conservadora da agricultura se reestrutura [...]. Esse projeto, articulado externamente pela "reprimarização" do comércio exterior brasileiro, organiza-se internamente como pacto de poder entre cadeias agroindustriais, grande propriedade fundiária e o Estado, sob forma de uma hegemonia política, contando com forte aparato ideológico (mídias, academia, burocracia). (Delgado, 2016, p. 8)

Produto deste pacto político desenvolveu-se

> [...] um novo ciclo de economia política, claramente configurado nos anos 2000, mediante reestruturação de uma economia política do agronegócio, com expressa estratégia de captura da renda e da riqueza fundiária, segundo critérios estritos da completa "mercadorização" dos espaços territoriais. (Delgado, 2016, p. 5)

Esta nova aliança de classes no campo impactou também na valorização patrimonial do agronegócio, seja na expansão dos preços das terras em todo o Brasil, seja no açambarcamento de terras, sobretudo pela grilagem.

A concentração das terras desenvolveu-se plenamente na década de 2000, seguindo até os dias atuais. Para Delgado, a constituição do agronegócio implicou numa mudança estritamente mercadorizante da terra que só foi possível,

> [...] mediante completo afrouxamento da regulação fundiária, por um lado, e forte ativação dos instrumentos financeiros e fiscais fomentadores da valorização fundiária por outro, a exemplo de dívida hipotecária, subvencionada que a recuperação do crédito rural público propicia. (Delgado, 2016, p. 6)

---

o Imposto Territorial Rural (ITR) pago pelos grandes e médios proprietários caiu de R$ 1,59/ha, em 2003, para 1,52/ha, em 2010.

Neste novo ambiente o preço da terra disparou no Brasil, fenômeno verificado em todas as regiões, conforme indicado na Tabela 7.

Tabela 7 – Variações reais médias do preço da terra em fases distintas do ciclo agropecuário: 1994-1997 e 2000-2006 (terras de lavoura)

Regiões	1994-1997 Média anual	2000-2006 Média anual
Regiões	1994-1997 Média anual	2000-2006 Média anual
Norte	(-) 0,8	(+) 4,61
Nordeste	(-) 10,0	(+) 4,72
Sudeste	(-) 12,0	(+) 7,2
Sul	(-) 10,6	(+) 11,36
Centro Oeste	(-) 13,1	(+) 9,40
Brasil	(-) 11,2	(+) 10,16

Fonte: Delgado (2012).

Na Tabela 7, verifica-se claramente as alterações no mercado de terra entre os dois períodos em que se modificaram as políticas macroeconômicas no Brasil. De 1994 a 1997, o latifúndio deixa de ter função no modelo macroeconômico, pois a política de juros elevados e a política cambial de valorização da moeda nacional, o Real, favoreciam as importações, implicando na redução da taxa de lucro da agricultura e determinando a redução dos preços das terras no Brasil.

Já entre 2000 e 2006, houve o reaquecimento do mercado de terras, na medida em que o latifúndio passou a ter uma nova função econômica vinculada à obtenção de saldos na balança comercial brasileira, num ambiente de valorização dos preços das *commodities* no mercado internacional, tornando-se um dos sustentáculos do rentismo no Brasil.[7]

Em outro estudo, Teixeira (2016), com base nos dados do Banco do Brasil,[8] revelou a velocidade do aumento do preço das terras nas regiões brasileiras, conforme indicado na Tabela 8:

Tabela 8 – Preços médios de terras destinadas à exploração agrícola no Brasil (R$/ha) – por Estado

UF	Ano 2002 (A)	Ano 2013 (B)	% (B/A)
Brasil	5.750,11	19.836,98	244,98
Centro Oeste	3.610,16	15.509,07	329,6
DF	5.000,00	13.000,00	160
GO	4.718,35	20.233,21	328,82
MS	3.840,94	19.641,87	411,38
MT	2.756,89	11.589,04	320,37
Nordeste	2.061,04	8.405,05	307,81
AL	9.000,00	20.000,00	122,22
BA	2.110,98	12.090,02	472,72
CE	689,26	2.594,84	276,47
MA	1.317,12	6.306,59	378,82
PB	2.653,73	11.552,06	335,31
PE	1.718,94	7.874,09	358,08
PI	345,75	2.739,77	692,41
RN	2.292,63	5.944,60	159,29
SE	2.167,28	10.136,50	367,71
Norte	995,37	6.068,77	509,7
AC	1.100,00	3.300,00	200

---

[7] As transações correntes da economia brasileira, em função do ciclo rentista é negativa, requerendo entrada anual de capital estrangeiro para equilibrá-la. Para atrair este capital internacional para a economia brasileira, ela precisa apresentar elevada taxa de juros, inflação baixa e superávit primário. Além de demonstrar uma sólida reserva cambial. Neste quesito entra o agronegócio, na medida em que gera imensos saldos positivos na balança de pagamentos da economia, gerando moeda estrangeira, compondo a reserva cambial, que de acordo com os dados do Banco Central, em 14 de setembro de 2018, situava-se na ordem de US$ 380,6 bilhões.

[8] Com base no assessoramento técnico em nível de carteira do Banco do Brasil, que envolve 254 funcionários, localizados em 226 microrregiões do Brasil.

AM	200,00	700,00	250
PA	546,27	4.828,32	783,87
RO	2.913,16	8.414,86	188,86
RR	300,00	1.000,00	233,33
TO	1.023,12	7.787,45	661,14
Sudeste	3.722,21	15.848,82	325,79
ES	3.300,80	15.523,39	370,29
MG	3.792,07	16.098,62	324,53
RJ	2.989,25	10.192,17	240,96
SP	6.703,56	23.630,33	252,5
Sul	8.944,54	28.867,67	222,74
PR	13.481,39	36.072,77	167,57
RS	5.093,92	24.956,21	389,92
SC	8.766,11	27.808,58	217,23

Fonte: Teixeira (2016).

Esta nova retomada da mercantilização das terras implicou em um novo ciclo de concentração da terra e de sua desnacionalização. Está em curso desde a década de 2000, acentuada com a crise financeira de 2008, uma enorme apropriação de terras como forma de valorização dos capitais nacionais e internacionais, a partir da especulação fundiária, jogando na vala a obrigatoriedade, prevista na Constituição Brasileira de 1988, da terra cumprir sua função social.

Esta concentração é verificada a partir dos dados do cadastro dos imóveis rurais do Incra, conforme a Tabela 9.

Tabela 9 – Evolução da concentração de terras no Brasil

Tamanho dos imóveis	Imóveis rurais – 2003				Imóveis rurais – 2014			
	Número	%	Área Total	%	Número	%	Área Total	%
1 a 10 ha	1.409.797	33	6.638.597	2	2.208.467	35	9.713.044	1
10 a 100 ha	2.289.014	53	75.782.409	18	3.097.263	50	103.277.382	14
100 a 1.000 ha	523.335	12	140.362.234	33	739.358	12	198.722.832	27
1.000 a 10.000 ha	67.402	2	168.101.028	40	91.973	1	226.207.605	30
10.000 a 100.000 ha	961	0.02	19.284.741	5	2.692	0.044	63.839.244	9
Acima de 100.000 ha	225	0.001	8.314.316	2	365	0.006	138.641.532	18
Total	4.290.734	100	418.483.325	100	6.140.118	100	740.401.639	100

Fonte: Delgado (2016).

Os números da Tabela 9 são espantosos; os imóveis rurais aumentam de 4,2 milhões, em 2003, para mais 6 milhões, em 2014, incluindo todos os tamanhos de propriedades. Estas declarações incorporaram ao mercado de terras nada menos do que 322 milhões de hectares; as vinculadas aos imóveis rurais declarados, em 2003, passaram de 418,4 milhões de hectares para 740,4 milhões de ha, em 2014. Importante destacar que o grande aumento se deu nas propriedades acima de 100 mil ha, cuja área passou de cerca de 8,3 milhões, em 2003, para 138,6 milhões de hectares, em 2014.[9]

Na ausência de uma reforma na estrutura fundiária, decorrente do bloqueio político da reforma agrária provocado pelas forças do agronegócio e de seus representantes no congresso nacional[10] e no judiciário, o volume maior de incorporação de terras ocorreu nos extratos dos imóveis com maior área. No estrato de imóveis entre 10 mil ha e 100 mil ha foram incorporados 44,5 milhões de ha. Conforme já indicado, no estrato acima de 100 mil ha incorporou-se entre 2003 e 2014 nada menos do que 138,6 milhões de ha.

A questão que se coloca: sobre quais terras ocorreu esta expansão? Analisando os dados levantados no II PNRA (2005), coordenado por Plinio Arruda Sampaio e Ariovaldo Umbelino de Oliveira, verificou-se que em 2003, dos 850 milhões de ha

---

[9] Os dados preliminares do Censo Agropecuário de 2017, divulgados em julho de 2018, também indicam esta tendência de aumento da concentração de terra no Brasil, além de confirmar a concentração na faixa maior dos estabelecimentos: de acordo com Teixeira, "na classe dos estabelecimentos com 1.000 ha ou mais, houve aumento tanto em número (mais 3.287) quanto em áreas (mais de 16,3 milhões ha). Sua participação na área total passou de 45% para 47,5% de 2006 para 2017" (Teixeira, 2018, p. 4).

[10] De acordo com estudo da Oxfam (2016), na legislatura de 2015 à 2018, a bancade ruralista no Congresso Nacional contava com 242 parlamentares.

que formam o território brasileiro, 102 milhões ha destinavam-se às unidades de conservação ambiental (sobretudo os parques nacionais); outros 128 milhões de ha estavam vinculados às terras indígenas; e outros 29 milhões ha estavam previstos para as cidades, estradas, lagos etc. que somadas aos hectares destinados aos imóveis rurais de 2003, totalizavam um universo de 679 milhões de ha. A diferença entre este número que corresponde ao volume de terras destinadas à propriedade, posse ou uso, e o total do território nacional, era de 171 milhões de ha, indicadas no II PRNA, como terras devolutas e, portanto, pertencentes à União.

Ocorre que em 2014 o volume de terras destinadas à propriedade privada (imóveis rurais), posse e ou uso, ultrapassou o tamanho do território nacional. Extraindo a duplicação de informações e remetendo-se ao clássico processo de grilagem de terras, pode-se inferir que o crescimento dos imóveis rurais ocorreu sobre as terras devolutas e sobre as terras destinadas às unidades de conservação, parques nacionais e sobre as terras indígenas.[11]

Como forma de denúncia desta pressão sobre as terras indígenas e parques nacionais, a escola de samba Imperatriz Leopoldinense, no Carnaval de 2017, desfilou com o samba enredo "Xingu, o clamor que vem da floresta", com fortes críticas ao agronegócio.

---

[11] De acordo com o geógrafo Ariovaldo Umbelino de Oliveira (2016), esta incorporação de terras devolutas pelo agronegócio acentuou os conflitos de terras com os camponeses posseiros saltando de 153 conflitos, em 2008, para 560, em 2011, recuando para 287, em 2013. Lamentavelmente em 19 de abril de 2017 noticia-se a chacina na Gleba Taquaruçu do Norte, em Colniza no Mato Grosso; e em 24 de maio noticia-se a chacina no acampamento da Fazenda Santa Lúcia, no município de Pau d'Arco, próximo a Redenção no Pará. Este pesquisador identifica neste setor (camponeses posseiros) uma força social importante na luta pela terra nas duas últimas décadas.

É este processo de incorporação de terras ao patrimônio de pessoas físicas e jurídicas que explica sobretudo as mudanças no Código Florestal de 2011[12] e os atuais projetos de leis no Congresso Nacional sobre a regularização das terras indígenas e a autorização para compra de terras pelo capital estrangeiro.[13]

Também situado sob este contexto encontra-se a iniciativa do governo Michel Temer, pela Medida Provisória n. 759 de dezembro de 2016, de titulação das terras nos assentamentos, tornada lei em maio de 2017. Com essa medida pretende-se incorporar ao mercado de terras milhões de hectares, que hoje se encontram sob o controle do Incra e de órgãos estaduais de terras, ao se entregar o título de domínio às famílias assentadas no Brasil.

Além dos dados fornecidos pelo cadastro de imóveis rurais do Incra, outra fonte importante, recentemente divulgada, para compreensão das mudanças no uso da terra no Brasil, é o estudo do IBGE de 2016 intitulado "Mudanças na cobertura e uso da terra no Brasil".

Teixeira (2017) apresenta um resumo das mudanças ocorridas entre os anos de 2000 e 2014, expresso na Tabela 10.

---

[12] Diversas entidades da sociedade civil, incluindo o MST, denunciaram o real interesse das mudanças do Código Florestal brasileiro. Naquela oportunidade estava em disputa a incorporação de aproximadamente 60 milhões de ha ao patrimônio dos setores do agronegócio nos biomas cerrado em especial na região da Amazônia Legal.

[13] O Presidente Michel Temer, em 22 de dezembro de 2016, assinou a Medida Provisória n. 759, regularizando todas as posses realizadas na Amazônia Legal que não ultrapassem 1.500 ha (no Senado esta MP virou o PLV 12/2017, de autoria do senador Romero Jucá, aprovado no final de maio de 2017, expandindo a área para até 2.500 ha). Esta lei beneficiará 2.376 imóveis rurais que incidem integral ou parcialmente em terras públicas não destinadas na Amazônia Legal, legalizando nada menos que 4,8 milhões de ha, conforme informado na matéria jornalística de Medeiros, Barros e Barcelos (2017). Importante salientar também que a MP n. 759/16 excluiu dos critérios da seleção das famílias beneficiárias da reforma agrária as famílias acampadas, delegando aos municípios a seleção destas famílias.

Tabela 10 – Mudanças na cobertura e uso das terras no Brasil (2000 a 2014)

Especificação*	2000 (ha)	2014 (ha)	Variação absoluta (ha)	Variação relativa
Área artificial	3.719.900	4.243.700	523.800	14,10%
Área agrícola	39.877.600	55.854.900	15.977.300	40,10%
Pastagem com manejo	61.963.000	99.894.400	37.931.400	61,20%
Mosaico de área agrícola com remanescentes florestais	74.194.200	79.293.300	5.099.100	6,90%
Silvicultura	5.516.100	8.597.200	3.081.100	55,90%
Vegetação florestal	351.394.800	317.559.700	-33.835.100	-9,60%
Mosaico de Vegetação Florestal com Atividade Agrícola	46.079.500	45.356.000	-723.500	-1,60%
Vegetação campestre	10.235.000	8.832.000	-1.403.000	-13,70%
Área úmida	5.759.800	4.244.000	-1.515.800	-26,30%
Pastagem natural	207.397.000	160.023.800	-47.373.200	-22,80%
Mosaico de área agrícola com remanescentes campestres	17.391.800	39.686.300	22.294.500	128,20%
Área descoberta	557.200	584.400	27.200	4,90%

Fonte: Teixeira (2017).

* Estas especificações constam deste livro no Anexo, p. 229.

De acordo com Teixeira,

A conclusão substancial do quadro [...] é que o agronegócio dita o ritmo e o perfil das mudanças na cobertura e uso da terra no Brasil. Essa conclusão é possibilitada com a constatação das taxas de crescimento, de 2000 para 2014 das áreas agrícolas, de pastagem com manejos, silvicultura, e áreas de mosaico de áreas agrícolas com remanescentes campestres. As áreas agrícolas foram ampliadas em 16 milhões hectares no período considerado, o equivalente a um incremento de 40%. As áreas com pastagens plantadas foram ampliadas em 38 milhões hectares (61,2%) e as com silvicultura cresceram 3 milhões hectares (55,9%). O estudo do IBGE permite conhecer os níveis de substituição de uma área por outra. Porém, está claro que o incremento de 79,3 milhões de hectares com essas áreas (agrícola, pastagem plantada, silvicultura e mosaico agrícola com remanescentes campestres) ocorreu em substituição, principalmente, às áreas com pastagens naturais e com vegetação florestal. A propósito, merece destaque negativo a redução em quase 10% das áreas com florestas, no período de 2000 para 2014, o que significou perda de florestas com área superior a 33,8 milhões de hectares. (Teixeira, 2017, p. 3-4)

Lamentavelmente a sociedade brasileira não se apropria deste conjunto de informações, bloqueadas pela mídia brasileira, parte integrante desta nova aliança de classes no campo ou como indicado por Delgado (2012; 2016), parte deste novo pacto de economia política no agrário brasileiro.

Outro elemento a ser destacado deste processo foi a apropriação de terras no Brasil pelo capital estrangeiro. A terra não é um bem qualquer, trata-se de um bem da natureza, finito, que deve cumprir funções sociais,[14] tendo relação direta com três dimensões fundamentais da soberania nacional: a alimentar, a hídrica e a energética. Todas elas estão sob ameaça, na medida em que o controle da terra passa para mão do capital estrangeiro. A legislação em vigor remete à Lei 5.709/71, impondo limites à compra de terras por estrangeiro, inclusive para empresas brasileiras com controle acionário estrangeiro. A Constituição Brasileira de 1988, em seu artigo 190, tratou deste tema, mas não foi regulamentado.

No entanto, em 1998, a Advocacia Geral da União (AGU) reinterpretou a lei de 1971, emitindo um parecer flexibilizando a

---

[14] A Constituição Brasileira de 1988 determinou três funções a serem cumprida pela terra, expressa na produtividade das áreas, no respeito à legislação ambiental e no cumprimento da legislação trabalhista.

compra de terras brasileiras por empresas nacionais sob controle estrangeiro. Este mesmo órgão, em 2010, por proposição do Incra, gerou novo parecer retomando as restrições previstas na lei de 1971.

A liberação da comercialização de terras para o capital estrangeiro foi uma das prioridades da Frente Parlamentar da Agropecuária para a defesa do *impeachment* da presidente Dilma Rousseff. Em março de 2017, o presidente Michel Temer anunciou que iria encaminhar ao Congresso Nacional projeto de lei atualizando esta legislação.[15]

De acordo com Sauer e Leite (2012), com base nas informações do Nead/Incra em 2008, o capital estrangeiro detinha 34 mil imóveis rurais,[16] somando 4.037.667 hectares, onde 83% dos imóveis eram classificados como grande propriedade, ou seja, acima de 15 módulos fiscais.

Conforme matéria de Castilho (2017), comentando estudo realizado pela ONG internacional Grain,[17] em 2016, 20 grupos estrangeiros controlavam 2,7 milhões de hectares no Brasil. Parte destas terras pertencem às empresas estrangeiras como a francesa Dreyfus, as japonesas Mitsubishi e Mitsui, as estadunidenses Archer Daniels Midland, Bunge e Cargill. Participam, também, fundos de pensão como o Tiaa (Teachers Insurance

---

[15] No Congresso Nacional, o tema da abertura de compra de terras pelo capital estrangeiro está em discussão por meio do Projeto de Lei (PL) 2.289/07, ao qual encontram-se apensados outros PLs, dentre eles o PL 4.059/12, que propõe a liberação quase que irrestrita da aquisição de imóveis rurais a estrangeiros por pessoas físicas e jurídicas.

[16] Destes 34 mil imóveis, 34% estavam sob o controle de pessoas jurídicas.

[17] Grain é uma pequena organização internacional sem fins lucrativos que trabalha apoiando camponeses e movimentos sociais em suas lutas por sistemas alimentares com base na biodiversidade e controle comunitário, tendo atuação na África, Ásia e América Latina, dispondo de um site, www.grain.org, nas línguas inglesa, francesa e espanhola.

and Annuity Association), fundos de investimento, como o Adecoagro, pertencente ao megaespeculador George Soros.[18]

O Núcleo de Estudos, Pesquisas e Projetos de Reforma Agrária (Nera), da Unesp, *campus* de Presidente Prudente, em artigo no Boletim *Dataluta* (Fernandes *et al.*, 2017), publicou o número de empresas do agronegócio de capital internacional por atividade em 2015. Mostrou que 35 empresas atuavam no setor de grãos, 29 no setor sucro-alcooleiro, 20 em monocultivos de árvores, 16 em cultivo de café, outras 14 empresas atuaram com o plantio de algodão.

Estes dados reforçam a tendência mundial para os plantios flexíveis (*flex crops*) que tanto servem para a alimentação como para a produção de biocombustível. Conforme sugerido na matéria jornalística de Luiza Dulci, do *Brasil de Fato*, de 3 de janeiro de 2017,

> A produção de alimentos (*food*), fibras/ração (*fiber/feed*), floresta (*forest*) e combustível (*fuel*) – os 4 Fs em inglês – sintetizam o caráter da agricultura de exportação, diretamente associada ao capital internacional e à corrida mundial por terras.

---

[18] De acordo com Castilho (2017), a empresa Louis Dreyfus Commodities controla 430 mil ha em 12 estados brasileiros, destinados a cana-de-açúcar, arroz, laranja. A Mitsubishi, pela empresa brasileira Agrex do Brasil, controlava 70 mil ha de soja nos estados do Maranhão, Tocantins, Piauí e Goiás. Já a Mitsui, pelo do grupo brasileiro SLC-MIT empreendimentos agrícolas, controlava outros 87 mil ha de grãos nos estados da Bahia, Maranhão e Minas Gerais. A Bunge, administrava 230 mil ha de cana-de-açúcar no Brasil, por meio de parcerias. Também no setor sucro-alcooleiro, a Cargill constava no relatório controlando 35 mil ha e outros 23 mil ha em parceria com o fundo de investimento Galtere para produção de soja e arroz. Quanto ao TIAA, fundo de pensão de professores estadunidenses, administrava 424 mil ha em parceria com a empresa Cosan. Constava no relatório da Grain, empresa desconhecida do público brasileiro, denominada como YBY Agro, criada por dois ex-executivos brasileiros do Bank of América, onde 45% da empresa pertence aos fundos privados dos EUA. Ela controlava, em 2016, nada menos que 320 mil ha no Brasil.

Em meio a este contexto e sob esta nova aliança de classes no campo (agronegócio), o MST, que enfrenta o latifúndio desde a década de 2000, constata que a luta pela reforma agrária ficou muito mais complexa e difícil.

Os investimentos dos capitais, inclusive internacionais, foram direcionados sobretudo para a expansão da soja, da cana-de-açúcar e do eucalipto para celulose, redesenhando os territórios da agricultura brasileira e com ela a territorialidade dos complexos agroindustriais[19] (Oliveira, 2016).

Isso também ocorreu nos assentamentos da reforma agrária pela pressão por arrendamento das terras, acentuando o trabalho externo das famílias assentadas com consequente venda de lotes, dificultando o trabalho político-organizativo e técnico--produtivo do MST.

Acompanhando a tendência verificada na América Latina, a população brasileira, em 2002, impôs uma derrota às políticas neoliberais, expressa na eleição de Lula à Presidência da República. Afirmou-se um caminho da conciliação entre as classes sociais, sob o discurso de que todos teriam ganhos, na medida em que estabelecesse uma política neodesenvolvimentista,[20]

---

[19] Destaca-se o imenso deslocamento da produção leiteira do Sudeste para a região Sul, em especial no Rio Grande do Sul, onde foram implantadas, na década de 2000, diversas unidades de processamento de leite, com plantas industriais a partir de um milhão de L/dia de processamento; o RS, passou a ter uma capacidade instalada de processamento e 18 milhões L/dia, mas recolhia, em média, 9 milhões de litros.

[20] No caso brasileiro, tratou-se de um pacto político de conciliação de classe. Parcela da burguesia brasileira, em especial os setores vinculados à produção para o mercado interno e os setores da construção civil aderiram ao pacto coordenado pelo PT, na figura do seu principal dirigente político: Luiz Inácio Lula da Silva, eleito em 2002. Invertendo a lógica anterior (neoliberal), o Estado passa a ser o principal indutor do desenvolvimento econômico, articulando o orçamento geral da União, os orçamentos das empresas estatais, sobretudo a

centrada no mercado interno, combatendo as imensas desigualdades sociais e de renda.

Avançou-se nos direitos sociais; mas a inclusão social ficou restrita ao mercado de trabalho e à grande expansão do crédito que facilitou às camadas populares a sua inserção social pelo poder de consumo. Este avanço social não se materializou em organização da classe trabalhadora, nem em desenvolvimento de uma nova cultura política na sociedade brasileira.

Ao mesmo tempo em que este modelo econômico avançava em relação aos direitos sociais, não rompia com a lógica rentista da economia brasileira, refém do capital internacional, sobretudo do capital financeiro. Adiciona-se aqui o agravante de que o latifúndio passou a ter uma função econômica neste "modelo neodesenvolvimentista": foi e ainda é nos dias de hoje a de geração de saldos na balança comercial brasileira, buscando garantir reservas cambiais elevadas, sendo este um dos indicativos de segurança para a entrada do capital internacional na nossa economia (Delgado, 2012), conforme indicado na Tabela 11:

Tabela 11 – Saldo da balança comercial do agronegócio

Exportações	2001 (US$)	2015 (US$)
Total da exportação brasileira	58,2 bilhões	191,1 bilhões
Total da exportação do agronegócio	23,8 bilhões	88,22 bilhões
Saldo comercial do agronegócio	19 bilhões	75,15 bilhões

Fonte: elaborado pelo autor com base nos dados da Conab (2016).

Petrobrás, e orientando os investimentos da imensa poupança nacional existente no BNDES. Foi este esforço articulado de ações que passou a orientar o conjunto dos investimentos públicos e privados na economia brasileira, gerando um novo impulso econômico, sobretudo a partir de 2007, com a efetivação do Programa de Aceleração do Crescimento (PAC).

O fortalecimento do agronegócio na década de 2000 está profundamente associado à dependência da economia brasileira em relação ao capital financeiro internacional. Ao não se romper com o rentismo e com a lógica do capital financeiro, o governo Lula optou por fortalecer a matriz primário exportadora da nossa economia.[21]

Com a expansão do agronegócio, aumentaram as taxas de lucros obtidas na agricultura, implicando a valorização dos preços das terras e dificultando a aquisição de áreas para a reforma agrária.

Em paralelo a isso, na década de 2000, tivemos a ampliação da oferta de empregos, o crescimento do número de trabalhadores com carteira assinada, valorização do poder de compra do salário mínimo. A renda de natureza urbana, ou seja, os salários, ampliou-se frente a renda da agricultura, isto é, a renda da terra, impactando diretamente as comunidades rurais. Como consequência houve a aceleração da migração rural para as cidades de porte médio e para as regiões metropolitanas. Este ciclo de oportunidades nas cidades ocorreu nos setores de serviços e na construção civil, e constituiu uma opção real para as famílias sem-terra e, em partes, para as famílias assentadas.

A combinação destes dois fatores – expansão do agronegócio valorizando os preços das terras e o crescimento econômico urbano-industrial/serviços – gerou condições para o bloqueio da reforma agrária, impondo limites severos à luta do MST (Martins, 2014). Parte de sua base social foi captada pelo trabalho urbano e parte dos assentamentos tornou-se área arrendada para a produção das *commodities*.

---

[21] A desindustrialização da nossa economia foi um dos resultados desta opção macroeconômica, produto da estratégia política da conciliação de classes.

O MST, em seu V Congresso realizado em 2007, indicou uma reformulação em sua estratégia expressa na insígnia "Reforma Agrária Popular" – só definida no VI Congresso com o programa agrário, em 2014 – e que representa o resultado da análise do desenvolvimento recente da agricultura e da nova correlação de forças registradas no campo brasileiro.[22] A mudança na estratégia do MST indicou que o inimigo no campo também mudou, expresso agora no agronegócio. Mas isto só se tornou consciência na militância do movimento à medida em que as contradições do modelo do agronegócio ficavam evidentes para serem exaustivamente debatidas no processo de preparação do VI Congresso de 2014, quando o MST formulou como palavra de ordem *"Lutar: Construir Reforma Agrária Popular!"*.

O MST, em sua práxis, compreendeu que a produção de alimentos saudáveis teria uma enorme força política, tanto para se contrapor ao agronegócio como para afirmar a possibilidade de organização de uma agricultura voltada aos interesses da

---

[22] João Pedro Stedile (dirigente nacional do MST), em palestra durante o III Encontro Nacional das Cooperativas do MST, ocorrido no assentamento Filhos de Sepé (Viamão/RS) entre os dias 30 de novembro e 1º de dezembro de 2017, elucidou que a reforma agrária, ao longo do século XX, expressou uma visão camponesa e, por isso, corporativa, onde o central era o acesso à terra, para que a família camponesa pudesse se reproduzir a partir da produção agrícola, mas sem conseguir romper com sua exploração. No entanto, no século XXI, o MST, ao estabelecer a estratégia da reforma agrária popular, está constituindo um novo paradigma na reforma agrária, rompendo com a visão tipicamente camponesa, pois ela não é só para os camponeses se reproduzirem. A reforma agrária popular amplia a compreensão da função social dos camponeses, visto que a produção de alimentos saudáveis é para toda a sociedade. Isto implica em envolvê-la, já que a produção de alimentos de base ecológica interessa a toda a sociedade brasileira. Decorre disso que a reforma agrária popular é um caminho para a transição rumo a uma sociedade socialista.

população brasileira, desenvolvendo plenamente a função social da terra.

Ficou evidenciado que a organização dos assentamentos passaria pelo desenvolvimento econômico-produtivo das famílias, implicando na constituição de instrumentos econômicos, como as cooperativas. Não bastava mais a decisão política de produzir alimentos de base agroecológica, se requeria criar condições efetivas para sua implantação nos assentamentos.

Nos Estados, onde os dirigentes e militantes compreenderam as implicações deste novo contexto da luta de classes no campo, avançou a organização dos assentamentos centrados na produção de alimentos saudáveis. Este foi o caso do MST gaúcho.

OS ASSENTAMENTOS COMO TERRITÓRIOS EM DISPUTA E COMO FORÇA POLÍTICA: O CASO DO MST GAÚCHO

Os movimentos camponeses, em sua luta de resistência à expropriação e à exploração praticadas pelo capital, ainda que submetidos às relações sociais capitalistas, desenvolvem lutas contra este sistema e geram diversas práticas sociais que sinalizam alguns pilares de uma nova forma de organização societária, sendo a agroecologia um destes exemplos.

Como indica Martin e Fernandes (2004, p. 8),

> o campesinato é um grupo social que historicamente tem resistido à desterritorialização. Mas é um grupo social singular, porque sua subordinação ao capital não é total, como é a do assalariado [...]. No caso do campesinato, a terra de trabalho é um território de resistência.

Mesmo na condição de subalternidade, o campesinato tem resistido e enfrentado o processo de territorialização do capital. Estas lutas e formas de resistência também ganham radicalidade pela condição social do camponês.

Isto ocorre porque o processo decisório das atividades camponesas tem em sua centralidade as necessidades reprodutivas de suas famílias, em que a esfera da produção e a esfera do consumo são uma única unidade. Desta forma, as expectativas reprodutivas da família vêm em primeiro lugar, e se elas forem atendidas, ainda que sucessivamente se obtenha pequenos ganhos, a unidade produtiva camponesa continuará em funcionamento. Este traço da unidade produtiva camponesa lhe diferencia essencialmente da unidade capitalista, que busca em seu esforço, maximizar o lucro, tendo nele a sua centralidade, enquanto todo o esforço da família camponesa objetiva a eficiência de sua reprodução enquanto unidade familiar (Oliveira, 1987; Abramovay, 1998; Costa, 2000; Carvalho, 2005; Ploeg, 2008).

Do mesmo modo não se exclui a busca da formação de elementos de capital fixo, ou seja, a acumulação de meios de produção, como traço da realidade camponesa. Entende-se, isto sim, que tais processos se subordinam, também, às condições e necessidades reprodutivas. Assim, ao contrário dos empreendimentos que acumulam para maximizar lucro, a unidade camponesa acumula para tornar mais eficiente a reprodução. A depender do grau de satisfação das necessidades de cada família, ela aportará mais ou menos trabalho (Costa, 2000; Carvalho, 2005).

As famílias assentadas compartilham destas características da organização produtiva camponesa. No entanto, seu processo de territorialização é distinto de muitas das famílias camponesas de pequenos agricultores.

As fazendas destinadas aos programas de reforma agrária, nas quais assentam-se as famílias, são produto da luta e da conquista social. Poucas foram as famílias que obtiveram terra no Rio Grande do Sul sem participação no processo da luta e de pressão social. Isto confere àquele espaço geográfico marcas das disputas sociais desenvolvidas na sociedade.

De acordo com Fernandes (2005, 2007), o espaço ao ser apropriado por determinadas relações sociais converte-se em território, cuja formação é sempre um processo de fragmentação do espaço. Por este raciocínio, "todo território é um espaço, mas nem todo espaço é um território" (Fernandes, 2005, p.s/n.).

Ainda segundo este autor, todos os movimentos sociais que lutam pela terra são movimentos socioespaciais, mas apenas alguns tornam-se movimentos socioterritoriais. A distinção entre eles, refere-se ao fato de que para os movimentos socioterritoriais "[...] o território é algo essencial para a sua existência" (Fernandes, 2005, p. s/n.).

Desta forma, Fernandes (2005) identifica o MST como um movimento socioterritorial em que o território é o espaço apropriado por sujeitos e grupos sociais que se afirmam por meio dele, gerando sempre processo de territorialização e de territorialidade.

Os assentamentos do MST são esta expressão e trazem consigo os impasses da correlação de forças existentes na luta social pela reforma agrária. Os assentamentos, ao se constituírem, tornam-se um território cuja disputa política, ideológica e econômica com a burguesia e com as forças do latifúndio pelo seu controle é permanente.

Portadora deste impasse político, as novas relações sociais que se estabelecem no assentamento, com a democratização da terra e com o trabalho familiar, não são suficientes para garantir as mudanças na visão de mundo, nas práticas produtivas e nas relações cotidianas entre as pessoas.

A todo momento as famílias assentadas são seduzidas pelas promessas de maior produtividade do modelo agrícola do agronegócio e pelos encantos de políticas governamentais clientelistas.

Diversos agentes cotidianamente estabelecem relações com os assentados reproduzindo as ideias dominantes e o modelo agrícola vigente. Estas forças dialogam de forma sistemática com as famílias assentadas. Os assentamentos são objeto de uma acirrada e desproporcional disputa no terreno político, ideológico e econômico.

O assentamento simboliza para a sociedade que aquela fazenda tem agora uma nova organização, controlada por por dezenas de famílias camponesas que acessaram a terra pela luta pela sua democratização, que ali conquistaram trabalho e vida, e que eliminaram o trabalho assalariado e sua exploração; em seu lugar foi colocado o trabalho familiar, no qual prevalece a produção diversificada e não mais a monocultura.

É um novo governo nos assentamentos compreendido como a capacidade de gestão do território conquistado, dando um rumo, uma orientação ao processo social que ali se estabeleceu. Com este governo, novas relações de poder se estabelecem.

Após analisar que, na nova correlação de forças da luta de classes no campo, a classe dominante estabeleceu o agronegócio como expressão do modelo agrícola do capital financeiro (MST, 2014; SPCMA, 2014), o MST compreendeu, na década de 2000, que o tema da função social da terra tornou-se central na organização dos assentamentos.

Evidenciou-se, então, que reproduzir nos assentamentos a lógica dominante da produção de *commodities* não faria sentido e desqualificaria a reforma agrária, visto a maior eficiência do agronegócio neste modelo agrícola.

Assim, a função social da terra deveria ser recolocada, iluminando a dimensão produtiva das famílias assentadas. A produção de alimentos, a soberania alimentar e a agroecologia tornaram-se temas centrais no diálogo do Setor Nacional de Produção, Cooperação e Meio Ambiente (SPCMA), expresso na cartilha "Como construir a reforma agrária popular em nossos assentamentos", de outubro de 2014.

No Rio Grande do Sul, ainda em 2009, em seu XIV Encontro Estadual, o MST gaúcho estabeleceu um novo rumo para o trabalho político nos assentamentos, para assim constituí-los como força política nas suas regiões. Esta é aqui compreendida como a capacidade de disputar o poder, por sua vez compreendido como a capacidade de dar direção, rumo a um dado projeto de desenvolvimento da agricultura e da vida no campo, assim como influir na sociedade local e regional, com a disputa pela hegemonia política e ideológica de qual modelo se quer para o campo brasileiro.

Conforme Cedenir de Oliveira, dirigente nacional do MST no RS, (entrevista, 2015), a forma central para que os assentamentos representassem uma força política nas regiões seria fortalecer e ampliar o trabalho organizativo da produção dentro dos assentamentos.

Ficava assim evidente a necessidade de se assumir, para aquele período histórico, a prevalência da dimensão econômico-produtiva da vida social dos assentados partindo da compreensão de que o assentamento é uma totalidade social, onde todas as dimensões da vida estão postas, combinando produção e reprodução social, e representam uma enorme amplitude para o trabalho político.

Ainda de acordo com Cedenir de Oliveira (2015), era de fundamental importância a escola organizada, a comunidade estruturada, a existência de uma rádio comunitária, a atuação dos grupos de jovens e de mulheres para constituir a força política do assentamento. No entanto, reconhecia-se também que estes instrumentos eram insuficientes para enfrentar os problemas políticos advindos com o avanço do agronegócio por meio de sua produção e de seu modelo técnico-produtivo nos assentamentos.

Ficou evidente que o MST perdeu força onde as famílias assentadas adotaram o modelo agrícola do agronegócio como estratégia de reprodução social, e este passou a dar a direção e o rumo ao desenvolvimento local, reforçando sua dominação política, ampliando a exploração econômica e reproduzindo a visão de mundo dominante com seu controle ideológico.

Com isso o MST Gaúcho via a necessidade de formular uma orientação que incidisse concretamente na matriz de produção e na matriz tecnológica, passando a influir na direção do processo produtivo dos assentamentos. O restabelecimento dos assentamentos como força política para o projeto popular no campo passava prioritariamente pelo controle da dimensão econômico-produtiva. Sem esta força econômica, dificilmente o MST influiria no rumo político e na vida real dos assentamentos.

O MST gaúcho, motivado pelo debate do V Congresso Nacional de 2007, assume então a tarefa de tornar os assentamentos uma força política, tendo a organização da produção como a centralidade do trabalho.

De acordo com Adelar José Pretto, presidente da Coceargs (2015), no XIV Encontro Estadual em 2009, o MST gaúcho aprovou os seguintes objetivos relacionados à matriz produtiva prioritária em seu plano estadual: a) fortalecer a produção do arroz ecológico expandindo-o para outras regiões, em especial a região de São Gabriel; b) consolidar as ações na área da produção leiteira, qualificando a produção primária, aprimorando a coleta do leite e iniciando o seu beneficiamento; c) expandir as ações de produção de sementes, sobretudo a marca Bionatur, estendendo seu trabalho para outras regiões do RS, em especial a retomada do trabalho na região Sul e expansão para a região Missioneira; d) potencializar o beneficiamento da produção em vistas da participação das famílias assentadas nos programas públicos de alimentação, como o PAA e o PNAE.

A Cooperativa Central dos Assentamentos do Rio Grande do Sul Ltda (Coceargs), representante legal do setor de produção do MST gaúcho, tendo como centralidade a produção de alimentos, passou a orientar as famílias assentadas para a utilização de uma matriz produtiva que garantisse: a) a sua renda mensal, em boa medida a produção de leite e algumas hortaliças; b) a sua renda sazonal, em geral com a safra de grãos e de frutas; c) o autoconsumo com a diversificação da produção e sua potencialização no entorno das moradias; d) uma renda obtida por meio da "poupança viva", representada pelo gado de corte ou algumas espécies florestais; e) e, onde fosse possível, ter uma renda por meio de investimentos comunitários, especialmente a partir do beneficiamento da produção (agroindústrias).

É importante ressaltar que a opção pela agroecologia como matriz tecnológica já estava em andamento, desenvolvida há algum tempo em atividades como a do arroz ecológico na RMPA, as sementes de olerícolas da Bionatur na Região da Campanha e as hortas ecológicas em diversos assentamentos em diferentes localidades do Rio Grande do Sul.

Nesta reflexão do setor produtivo gaúcho, a tese dos assentamentos como força política e a priorização do trabalho econômico-produtivo sugeria algumas implicações de natureza político-organizativa e de método de trabalho, explicitados a seguir.

Primeira implicação – o debate já indicava que retomar a organização da produção determinava ter: a) instrumento econômico para dar direção ao processo de organização da produção que realmente tivesse relação com os ramos econômicos que dialogassem com as famílias assentadas e que não fosse apenas um ente legal para se relacionar com os governos e com as políticas públicas. Este instrumento só teria efetividade se ajudasse a solucionar os problemas produtivos e comerciais das famílias assentadas. As experiências indicavam que seu êxito era maior na medida em que ele coordenava as várias fases ou toda a cadeia produtiva; b) inserção nos mercados para estimular, induzir e dirigir a produção nos assentamentos, sejam eles institucionais ou convencionais (varejo); c) proteção via políticas públicas pois já se evidenciava que os instrumentos econômicos sobreviveriam pouco tempo num mercado capitalista, monopolizado por corporações transnacionais. Por isso, a luta política deveria gerar políticas públicas criando uma cunha nestes mercados capitalistas, abrigando e protegendo as experiências econômicas populares.[23]

Segunda implicação – as reflexões sobre as experiências com as políticas públicas do PAA e PNAE revelavam que as famílias assentadas passavam a produzir na medida em que soubessem para quem elas iriam vender, a que preço venderiam e como tirariam a produção do seu lote. Estas experiências do MST gaúcho já indicavam que o fator principal que colocava os

---

[23] Daquele momento em diante foi muito significativo o papel desempenhado pelo PAA e o PNAE para as cooperativas e famílias assentadas no Rio Grande do Sul.

agricultores a produzir não era o crédito agrícola, este não organizava a produção; quem a organizava era o mercado. Já estava sedimentada a ideia de que o crédito teria função se a produção estivesse organizada, mas seria o mercado, sobretudo o mercado institucional, pelo PAA e o PNAE, que colocaria as famílias assentadas a produzir, dando-lhes garantias de venda da produção, de preço remunerador e de capacidade organizativa para deslocar a produção dos seus lotes para os referidos mercados.

Terceira implicação – o debate também indicava que este processo de organização da produção, em médio prazo, não envolveria toda a base social assentada do MST. Por isso, o movimento deveria seguir com as lutas reivindicatórias de caráter massivo. Neste particular, o eixo seria seguir com uma pauta político-reivindicativa para buscar a melhoria da infraestrutura social básica nos assentamentos, como o acesso à água potável, à melhoria e/ou construção de estradas, à habitação e à escola.

Quarta implicação – a mudança no perfil de liderança no MST. A lógica de liderança do ciclo anterior, caracterizado pelo crédito massivo, que exigia uma relação de agitação e de propaganda, de "trazer conquistas" para a base e com elas se afirmar como líder, estava encerrada. O acesso às conquistas e às políticas públicas estava cada vez mais restrito e estas viriam por meio da organização da produção. Isto exigiria um novo perfil de liderança, inserida no processo produtivo, organizado em grupos de produtores e que ajudasse a dirigir o novo instrumento econômico. Aquela liderança que estivesse fora deste perfil não atuaria politicamente; cada vez mais a mediação com as famílias assentadas se daria pela produção agropecuária organizada. Cada vez menos seria pelo crédito agrícola, que seguiria sendo necessário aos processos produtivos, mas que só adquiriria função quando a produção estivesse organizada.

Isso implicou, portanto, em um novo método de trabalho que pressuporia processualidade, conhecimento técnico--produtivo e presença mais constante nos assentamentos. Os mutirões ou jornadas ali realizados eram insuficientes, pois as questões colocadas pela organização do processo produtivo requeriam presença mais efetiva e duradoura. Outro cuidado e atenção neste novo impulso organizativo do MST dizia respeito a estimular a participação das mulheres e jovens, visto que os processos econômicos na trajetória da vida camponesa restringiam-se a uma presença mais masculina, ambos estavam presentes nos processos produtivos, mas ficavam ausentes dos instrumentos econômicos, dos processos de gestão econômica dos empreendimentos sociais.

Quinta implicação – o debate também indicava uma mudança na forma de organização da base social nos assentamentos. A organicidade neste novo ciclo seria distinta, e dificilmente seriam mantidos os núcleos de base compostos pela vizinhança com participação na coordenação do assentamento. Surgiriam, pois, grupos de produção, grupos gestores regionais, grupos de certificação. A compreensão elaborada naquele momento era de não perder a capacidade de pautar os temas políticos mais gerais, que iam para além dos temas corporativos ou do "negócio/ramo econômico" em que o grupo e a família estavam envolvidos. Também se considerava garantir o princípio da participação da família nos processos decisórios, seja do instrumento econômico, no caso a cooperativa, seja do instrumento político representado pelo MST. Portanto, ficou claro que a organização básica deveria ser mantida, as famílias deveriam ser organizadas em grupos de base, agora com enfoque produtivo, participando e ajudando a definir os rumos do assentamento, da cooperativa e ajudando a debater e definir os rumos do MST.

Sexta implicação – estava claro que esta tese só teria alcance se houvesse uma unidade política na ação prática nos assentamentos. Era necessária uma nova compreensão por parte da base social, das lideranças e das direções em relação ao novo período político e à nova orientação, mas era primordial a unidade na ação. De acordo com o debate daquele período, o diálogo e a ação conjunta viriam por meio da prática do planejamento coletivo, envolvendo os instrumentos políticos e econômicos em cada região representada pela direção regional do MST, pelas direções das cooperativas, pela assistência técnica e pelas escolas, onde estas existissem. Assim, o planejamento deixou de ser apenas uma técnica administrativa, revelando-se um método de organização da ação política nos assentamentos e uma forma de organizar o pensamento e a teoria explicativa da realidade.

Enfim, o debate no MST gaúcho, naquele período histórico, já indicava que esta tese não era uma opção política, mas uma determinação da realidade, uma exigência do enfretamento político no atual estágio da luta de classes no campo gaúcho e brasileiro. Aqueles estados e regiões onde as lideranças do MST compreenderam esta necessidade, avançaram na organização das famílias assentadas, qualificando a ação do movimento.

O MST gaúcho, ao interpretar a estratégia geral indicada pela reforma agrária popular, em sua realidade de assentamentos como áreas em intensa disputa com o capital, ou seja, com o agronegócio, buscou fortalecer sua capacidade organizativa tornando os assentamentos uma força política. Ainda durante o governo estadual de Yeda Crusius (PSDB), de vertente neoliberal e com conduta altamente repressiva aos movimentos sociais e populares, o MST tratou de buscar apoio nas esferas federais, em especial no BNDES, apresentando uma proposta de desenvolvimento da bacia leiteira nos assentamentos do RS.

No entanto, o avanço das negociações dependia de uma terceira parte, o Incra em sua sede nacional e em sua superintendência regional, com o qual se faziam tratativas uma vez que o governo estadual havia se fechado para as demandas populares que, no entanto, não avançaram.

As negociações, principalmente com o BNDES, fluíram quando, em 2011, assumiu Tarso Genro como governador do Estado, eleito pela coligação PT-PSB. As tratativas entre as três partes, BNDES, governo estadual e MST, duraram todo o ano de 2011, sendo lançado no Plano Safra Estadual, em 2012, o programa de sustentabilidade dos assentamentos da reforma agrária no estado do Rio Grande do Sul, simplificado pela denominação "Programa Funterra" (alusão ao Fundo de Terras do Governo do Estado por onde os recursos do Programa eram operacionalizados) (Governo RS, 2012; 2012a; 2012b).

Este programa conseguiu repassar, em dois anos, cerca de R$ 60 milhões, contabilizando 110 projetos. Este conjunto de recursos materializou-se em fomento à produção das famílias assentadas, apoio à logística das cooperativas, aos serviços de máquinas e à agroindustrialização. Este processo estava associado ao ciclo de atuação das cooperativas junto aos programas públicos de alimentação, como o PAA e o PNAE.

A lógica estabelecida pelo Programa empoderou as organizações populares do campo fortalecendo-as. Em vez de optar pela distribuição dos recursos para todas as famílias (universalizar) que implicaria em um valor muito pequeno para cada uma delas, optou-se por fortalecer os processos organizativos, consolidando-os e acumulando forças naquele momento histórico.

O Programa Funterra, de fomento à produção de alimentos nos assentamentos e sua respectiva estruturação, casado com os programas de compras governamentais, gerou um circuito mercantil novo, fortalecendo as famílias camponesas assentadas e suas organizações econômicas e políticas, e as entidades populares nas cidades, que recebiam os alimentos.

Pelo PAA, em sua modalidade doação simultânea, em 2014, somente em Porto Alegre, foram mais de 3.500 famílias que receberam mensalmente alimentos ecológicos, diversos, produzidos nos assentamentos. A articulação dessa distribuição via PAA se dava por meio do comitê gestor do PAA, que reunia entidades beneficiárias e cooperativas produtoras de alimentos. Cabe destacar que, em 2013, produto desta articulação, ocorreram diversas manifestações em defesa do PAA organizadas pelos moradores dos bairros de Porto Alegre e pelos camponeses da região metropolitana. Ocorreu a ocupação do Ministério da Fazenda em outubro de 2013, no dia mundial da alimentação, assim como a audiência pública, no auditório do Ministério da Agricultura, em defesa do PAA, naquele mesmo ano.

Visto o êxito do Programa Funterra, a Via Campesina, no Rio Grande do Sul, a partir de 2013, tratou de formular um programa com maior amplitude para assim articular a produção, o processamento e a distribuição dos alimentos.

Este programa ganhou o apelido carinhoso de "Plano Camponês", devido às grandes mobilizações dos camponeses vinculados ao MPA, MAB, MMC e MST, no ano de 2013. Os camponeses conquistaram tal programa com recursos também no valor de R$ 60 milhões que foi administrado por outro fundo, denominado Feaper (fundo estadual de apoio ao desenvolvimento dos pequenos estabelecimentos rurais).

O exemplo do plano camponês gaúcho fez com a Via Campesina Brasil apresentasse, em 2015, ao Ministério do Desenvolvimento Agrário (MDA), o "Programa de Produção de Alimentos e Abastecimento Popular", que em 2016 chegou numa versão final anunciado como complemento do plano safra de 2016. No entanto este programa foi inviabilizado pela mudança de governo que destituiu Dilma Rousseff da presidência.

A descrição destes dois programas se deve ao seu impacto nos assentamentos e nas cooperativas da região metropolitana. Estes recursos contribuíram para o fortalecimento da produção primária, para a qualificação das cooperativas, em especial a Cootap, que passou a contar com um departamento de máquinas e veículos e organizou cinco distritos de irrigação nos assentamentos.

A constituição destes dois programas estaduais expressou a tese política do MST gaúcho de que os assentamentos podem se constituir efetivamente em uma força política. O contexto de crise na massificação da luta pela terra com um número pequeno de famílias acampadas na região redirecionou a luta do MST para as famílias assentadas que representavam o programa da reforma agrária popular, centrado na produção de alimentos. Foram pressões políticas que obrigaram o governo estadual a criar programas públicos direcionados ao conjunto de famílias associadas às cooperativas do MST, em todo o Rio Grande do Sul.

A tese dos assentamentos como força política, centrada na produção de alimentos saudáveis, iluminou todo este processo. Tal formulação política indica a capacidade do MST gaúcho de interpretar uma formulação geral expressa pela reforma agrária popular e de desenvolver uma prática político-organizativa ajustada à sua realidade, gerando organização, luta, consciência e modos de produção que afirmam uma nova postura ético-político. É esta a resistência camponesa das famílias assentadas no Rio Grande do Sul.

As expressões da autonomia e da resistência camponesa a partir da gestão participativa e da construção dos conhecimentos

A década de 1990, como indicado no primeiro capítulo, foi o período de implantação da maioria dos assentamentos na região metropolitana de Porto Alegre (RMPA). Naquele período, o processo organizativo ocorria com base no agrupamento das famílias em sua vizinhança, compondo os núcleos de base e a partir deles uma representação, constituia a coordenação do assentamento. Destas coordenações, elegia-se um companheiro e uma companheira que formava a coordenação regional do MST na RMPA.

Da coordenação, definia-se quem seria remunerado, com uma modesta ajuda de custo, para dedicar tempo integral ou parcial ao MST, constituindo sua direção regional. Também se escolhiam as pessoas que participariam da direção estadual do MST (um homem e uma mulher).

Este processo organizativo da década de 1990 sofreu forte desarticulação devido às grandes dificuldades econômicas e estruturais enfrentadas pelas famílias assentadas para trabalhar nas várzeas, sobretudo o acesso à mecanização agrícola, abrindo espaço para o avanço do arrendamento dos banhados para os "catarinas".

O arrendamento das terras de várzeas abriu uma interlocução política nos assentamentos, onde os arrendatários e alguns assentados (considerados preposto destes sendo os agenciadores dos arrendamentos), configuraram-se em uma nova força política, estabelecendo uma nova relação social dentro das áreas. Por outro lado, a crise financeira da Cootap e sua insolvência acentuou o quadro de desorganização política dos assentamentos.

O MST na região metropolitana perdeu força política e capacidade de luta. Muitos assentamentos passaram a ser orientados e dirigidos por estes agentes externos. Consequência deste processo foi o aumento da venda da força de trabalho de membros das famílias fora do assentamento e o aumento do alcoolismo nas áreas.[1]

O PROCESSO DE GESTÃO E A TOMADA DE DECISÕES DENTRO DO GRUPO GESTOR DO ARROZ ECOLÓGICO

No final dos anos 1990, a crise econômica do setor orizícola abriu espaço para o debate de outra matriz tecnológica a ser desenvolvida nas várzeas dos assentamentos. Esta perspectiva crítica se colocou naquele momento, pois o MST, em nível nacional, já fazia sua própria crítica ao modelo produtivo e tecnológico da agricultura capitalista baseada no tripé químico--genético-mecânico.

A base material desta mudança radical da matriz tecnológica deveu-se à existência, na RMPA, de algumas cooperativas

---

[1] Ainda que esta pesquisa não tivesse este enfoque, muitos dos entrevistados, ao falarem do processo histórico, acentuaram a gravidade do alcoolismo gerado pela ociosidade das pessoas proporcionada pelo arrendamento de suas terras.

coletivas e de algumas famílias assentadas que já desenvolviam a agroecologia, sobretudo com as hortas ecológicas. Outro fator importante foi a introdução da técnica do arroz pré-germinado e com ela a sistematização de algumas áreas de várzeas dentro dos assentamentos, promovida pelos arrendatários "catarinas".

A partir de pequenas áreas, sobretudo em áreas marginais, aquelas mais próximas dos leitos dos rios com maior possibilidade de enchentes, se iniciaram as experiências ecológicas do arroz e, com elas, surgiu uma nova metodologia organizativa: o grupo gestor, composto pelos agricultores que plantavam o arroz em suas várzeas e pelas cooperativas coletivas (Coopan, Coopat, Copac). Começaram a discutir as dificuldades técnicas enfrentadas nos processos produtivos ao mesmo tempo que se ajudavam na busca de equipamentos e de recursos, tendo a Cootap como motivadora inicial deste processo.

Em 2002 realizou-se o 1º Seminário do Arroz Ecológico, que deu nova orientação ao trabalho da Cootap, focando-a para a ação da secagem/armazenagem e para a comercialização. Segundo Celso Alves da Silva, coordenador do departamento técnico da Cootap (entrevista, 2015), o seminário foi um marco histórico para o desenvolvimento do processo de produção de arroz agroecológico. O foco estava em reunir aqueles que iniciaram o processo de produção para expor o trabalho desenvolvido e os limites encontrados, e, assim, promover o debate sobre como fazer a lavoura ecológica de arroz. O momento forte foi a troca de experiências, a divulgação de técnicas do manejo de arroz, a rizipiscicultura e o debate sobre alguns princípios da agroecologia. Houve a participação de famílias de outras regiões que buscavam saber o que estava acontecendo e quais eram as inovações técnicas, além de agricultores, técnicos, direções das cooperativas e do MST.

Em 2004, no 3º seminário do arroz, é criado o grupo gestor do arroz ecológico da região metropolitana. Conforme Celso Alves da Silva (2015), este seminário marcou um dos momentos--chave na construção do projeto do arroz ecológico, pois definiu--se os princípios, os objetivos estratégicos, os eixos estruturantes e os recursos necessários para viabilizar e alcançar as metas estabelecidas para o grupo gestor. Inicia-se, assim, uma planificação das ações para fortalecer a produção ecológica do arroz.

De acordo com o relatório do 3º seminário, como principais objetivos destacaram-se: a) motivar ética e politicamente as famílias à produção agroecológica como opção de vida de produzir alimentos diversificados; b) animar e motivar mais famílias a se integrarem no processo de produção de arroz agroecológico; c) construir um sistema de produção de arroz agroecológico, com controle de todo processo produtivo pelos agricultores (produção, secagem, armazenagem, beneficiamento, comercialização); d) ter autonomia e domínio do processo produtivo agroecológico em todo lote; e) contrapor-se ao agronegócio com a afirmação do projeto camponês; f) produzir sementes de qualidade; g) fazer a relação com a sociedade; h) cuidar do meio ambiente; i) disputar políticas públicas de incentivo à agroecologia; j) criar estratégia de certificação participativa; k) buscar o mercado – interno, local, solidário e outros; l) fortalecer a organização do MST.

Ainda conforme o relatório, foram estabelecidos, como eixos estratégicos, as seguintes orientações: a) produzir arroz ecológico numa estratégia de conversão do lote para a agroecologia; b) certificar conforme as normas requeridas pelo orgânico; c) secar e armazenar; d) beneficiar; e) comercializar.

Como meios, indicou-se: a) a formação e a capacitação dos agricultores e dos técnicos; b) a troca de experiências; c) articulação e parcerias na formação, capacitação e comercialização; d) planejamento estratégico da grande região metropolitana; e) introdução de um sistema interno de controle via grupo gestor e via certificação; f) viabilização de recursos; g) assistência técnica especializada; h) realização anual do seminário de agroecologia.

Como metas, aprovou-se: a) ter o arroz seco e armazenado em sete unidades: Coopat, Copac, Coopan, Cootap, Viamão, Guaíba e Eldorado do Sul; b) ter 80% do arroz produzido, beneficiado em quatro unidades: Coopat; Coopan; Copac; Cootap; c) alcançar um custo de produção médio das unidades de R$ 950,00/ha; d) produzir 100% das sementes; e) aumentar em 20% o número de famílias; f) capacitar 150 famílias em boas práticas, produção, secagem, armazenagem, beneficiamento e comercialização do arroz ecológico.

Outro resultado importante deste seminário foi a instituição, a partir da safra 2004-2005, do planejamento conjunto da lavoura do arroz tornando-se elemento fundamental para o sucesso do arroz ecológico na região.

Atualmente o grupo gestor é composto pelos representantes dos grupos de produtores existentes nos assentamentos e por representantes das cooperativas de base presentes neste complexo cooperativo. Participam também os coordenadores da Cootap e técnicos representantes dos núcleos operacionais da Coptec[2] e o responsável pelo departamento técnico da cooperativa regional e pela equipe de certificação, totalizando aproximadamente 60 pessoas. Este grupo se reúne, em média, quatro vezes ao longo do ciclo agrícola.

---

[2] Estes núcleos de assistência técnica da Coptec deixaram de existir a partir de outubro de 2017. Mas, o trabalho das equipes técnicas foi limitado com sucessivos cortes de orçamento desde o ano de 2016, em decorrência da política no novo governo.

Nestas reuniões, são debatidos aspectos essenciais da vida do grupo gestor, definindo orientações para a gestão das dimensões técnicas, político-organizativas e econômicas, orientando assim a condução do complexo. Discutem-se temas como: a) finalização do "levantamento da intenção de plantio" e com ele o número de famílias envolvidas e os grupos organizados; a área a ser plantada; a demanda de sementes necessária para a safra; a demanda de insumos orgânicos; a gestão dos distritos de irrigação; e a certificação orgânica. Este levantamento tem por base planilhas específicas e sua centralização ocorre na administração da Cootap, no seu departamento técnico; b) os custos dos serviços realizados pelas cooperativas, em especial a Cootap, no tocante aos serviços de máquinas e insumos requeridos no processo de produção no campo; c) definoção dos estrangulamentos existentes no complexo cooperativo em cada momento de seu desenvolvimento. Na safra de 2015-2016, o debate principal girou em torno da questão da classificação do arroz recebido e a necessidade de ajuste nesta classificação para a safra seguinte; d) os preços a serem praticados para o arroz recebido;[3] e) definição e convocação dos dias de campo e capacitações em cada momento do ciclo agrícola. Na safra de 2015-2016, enfatizou-se o processo de condução das lavouras de sementes e as condutas a serem seguidas no pós-colheita; f) coordenação de reuniões com as cooperativas que secam e armazenam a safra, estabelecendo as condutas necessárias de boas práticas para manutenção da qualidade do produto recebido, bem como a organização do planejamento de recebimento da produção conforme os tipos de

---

[3] A política de preços a ser pago pelo arroz no grupo gestor tem se pautado pelo acréscimo de 20% sobre o valor-base do mercado convencional de arroz, geralmente estabelecido pela Emater.

arroz e seu escopo de certificação; g) coordenação de reuniões com as cooperativas que beneficiam a produção estabelecendo orientações comuns ao processo de comercialização.

Além deste coletivo nos momentos de avaliação e planejamento da safra, o grupo gestor recorre a realização de seminários nas microrregiões (Eldorado do Sul/Tapes, Nova Santa Rita, Viamão, e mais recentemente nas microrregiões de Manoel Viana e São Gabriel, localizadas na Fronteira Oeste do Estado) nos quais participam todas as famílias envolvidas nos grupos de produção, tendo no encontro estadual do arroz ecológico[4] a finalização do processo avaliativo e de planejamento da nova safra.

Com base nas linhas gerais estabelecidas nestes encontros, o grupo gestor delega uma direção operacional para desenvolver e acompanhar as atividades. Esta direção é composta por coordenadores dos grupos, coordenadores dos distritos de irrigação, dirigentes da Cootap e o responsável do Departamento Técnico da Cootap.[5]

O grupo gestor, para dar conta de todos os momentos da cadeia produtiva do arroz, coordena outras ações, constituindo outros coletivos operacionais apresentados a seguir.

O coletivo de produção de sementes de arroz

O grupo gestor delega para algumas famílias a produção de sementes de arroz para todo o complexo. Pelo grau de exigência que estas lavouras requerem, apenas algumas famílias adaptaram-se ao rigoroso acompanhamento a campo, necessi-

---

[4] Em 2018, o encontro estadual ocorreu no dia 30 de agosto, em Eldorado do Sul, na sede da Cootap.

[5] Está se construindo a proposta de fortalecer este processo organizativo com liberação de um agricultor e um técnico por microrregião com maior tempo e dedicação para atender a demanda do conjunto do grupo gestor.

tando dedicação, capricho e atenção, atributos requeridos para ser produtor de semente.

O grupo gestor, a cada início de safra, define a necessidade de sementes e suas respectivas variedades, estabelecendo o que será produzido dentro do complexo e o que será adquirido fora. Atualmente a produção local atende toda a demanda interna do complexo cooperado, destacando-se a produção das variedades Irga 417 e Epagri 108.

Na safra 2016-2017, foram plantados 232 ha de campos de sementes, envolvendo 86 famílias, obtendo 23.250 sacas, sobretudo das variedades Irga 417 e Epagri 108.

Já na safra 2017-2018, colheu-se 13.680 sacas de sementes produzidas por 63 famílias, em 114 ha. As lavouras a campo são acompanhadas por técnicos vinculados à Cootap.[6]

Além deste acompanhamento *in loco*, o grupo gestor também realiza alguns dias de campo nas fases do ciclo das lavouras.

As sementes produzidas são secadas, selecionadas, classificadas e armazenadas na Cootap, em sua unidade de beneficiamento de sementes localizada no assentamento São Pedro, no município de Eldorado do Sul.

Coletivo das cooperativas que secam e armazenam a produção

Também sob coordenação do grupo gestor estão as unidades de secagem e armazenagem, pertencentes às cooperativas Coopan, Coopat, Cootap, Coperav. Estas cooperativas se reúnem para discutir o processo de recebimento da safra e as estratégias a serem utilizadas para armazenar o arroz a ser colhido.

---

[6] Apesar da crise do Programa de assessoria técnica, social e ambiental à reforma agrária (Ates), a Cootap mantém dois técnicos com recursos próprios e outros dois em parceria com a Prefeitura de Nova Santa Rita.

O grupo gestor também organiza atividades de capacitação para o processo de "pós-colheita", buscando garantir qualidade no momento de armazenagem da produção obtida.

Atualmente a armazenagem está sendo organizada pela classificação obtida a campo conforme o processo de certificação: são separados nos silos os grãos classificados com escopo BRO, para comercialização no mercado brasileiro; escopo CEE, para venda nos países da União Europeia; e escopo NOP, para a comercialização nos Estados Unidos.

O processo de armazenagem iniciou-se quando a Cootap, ainda em 2001-2002, assumiu o plantio de 60 ha no assentamento Conquista Nonoaiense, em Eldorado do Sul. Plantaram ali por três anos e a demanda de secagem dos grãos e o respectivo armazenamento surgiu como pauta no debate interno do grupo gestor.

A solução foi a Cootap assumir a unidade de secagem e armazenagem do grupo de produção do assentamento São Pedro (Eldorado do Sul) que, com recursos do Programa de crédito especial para Reforma Agrária (Procera), edificou a unidade onde armazenavam, nos anos 1990, o arroz convencional. Como o grupo de produção faliu na crise de 1998-1999, a Cootap assumiu a dívida do grupo e passou a coordenar a unidade. O arroz da Coopan, naquele período, passou a ser secado nesta unidade.

Logo após, a Coopan e a Coopat adquiriram seus engenhos, usados, de madeira e com capacidade muito pequena, dando início ao processo de secagem, armazenagem e beneficiamento do grupo gestor. Junto a isso, estabeleceu-se a primeira formação de estoque com a Conab (2004) que, naquela oportunidade, foi pago com arroz em casca e, nos anos seguintes, pago com arroz beneficiado.

De acordo com Emerson Giacomeli, dirigente da Cootap (2016), esta conjunção de fatores levou o grupo gestor do arroz a tratar de assuntos que não se restringiam apenas ao processo produtivo, surgindo a necessidade de estudar, debater e construir orientações sobre temas como classificação, rendimento dos engenhos, rotulagem, laudos técnicos e necessidade de capacitações técnicas. O primeiro curso foi sobre a "secagem dos grãos" realizado na unidade da Cootap, no assentamento São Pedro (Eldorado do Sul).

Atualmente, a capacidade estática de secagem e armazenagem do grupo gestor é de 200 mil sacas, distribuídas nas unidades da Coopan (4.740 toneladas), Coopat (2.750 toneladas) e Cootap, distribuída em três unidades: assentamento Apolônio de Carvalho, com capacidade de secagem e armazenagem de 4 mil toneladas; assentamento Lanceiros Negros, com capacidade de 5 mil toneladas; e na unidade de beneficiamento de sementes no assentamento São Pedro, com capacidade de 500 toneladas; as três localizadas no município de Eldorado do Sul.

Já a capacidade de beneficiamento é de 210 mil sacas, com engenhos na Coopan (155 mil sacas) e na Coopat (55 mil sacas). Estes números revelam que o grupo gestor precisa recorrer aos serviços de terceiros tanto para armazenar sua produção quanto para beneficiá-la.

Até 2016 o grupo recorria à Coperav, que aluga um silo secador, no distrito de Águas Claras, em Viamão, com capacidade aproximada de 35 mil sacas e também à Cerealista Girassol, no mesmo município, com capacidade para 40 mil sacas.

Já o beneficiamento é complementado por serviços realizados pela Indústria de Arroz Parboilizado (Agropar), localizada em Sentinela do Sul, pela DJM Indústria e Comércio de Cereais (Barra do Ribeira), bem como pela Cerealista Girassol de Viamão que beneficia arroz branco polido.

Os momentos da secagem, armazenagem e beneficiamento são extremamente delicados e se mal conduzidos podem levar a grandes perdas,[7] por isso os cuidados com a armazenagem começam antes mesmo da colheita do arroz.

Por fim, a armazenagem das sementes de arroz ecológico produzidas dentro deste complexo cooperado é realizada atualmente na unidade de beneficiamento de sementes (UBS), no assentamento São Pedro, em Eldorado do Sul, tendo capacidade para armazenar apenas 10 mil sacas de sementes. A UBS tem capacidade de recepção e de beneficiamento de 1,25 toneladas/hora. O restante da produção de sementes é armazenado em estruturas destinadas para o armazenamento de grãos nas demais cooperativas. Por isso, a Cootap conseguiu aprovar junto ao Programa Terra Sol, do Incra, um projeto de R$ 4 milhões para a construção de uma nova unidade de beneficiamento de semente.[8]

Coletivo de comercialização

O grupo gestor busca debater estratégias comerciais com as cooperativas que possuem os engenhos de beneficiamento, casos

---

[7] O grão a campo, ainda na lavoura, para ser colhido deverá estar com umidade entre 18 a 24%. Caso a umidade do grão esteja acima, poderá ser esmagado pelo maquinário; se estiver muito seco poderá quebrar no ato do beneficiamento. O grão, após a colheita, não deverá passar mais de 12 horas no caminhão (sem ser secado) pois com umidade acima de 24% e temperatura ambiente entre 25 a 30°C gerará o amarelamento dos grãos, perdendo qualidade. Já nos silos secadores, o grão deverá chegar a 12 ou 13% de umidade, sendo somente nesta condição propício ao armazenamento.

[8] Com a instabilidade política e econômica advinda com o governo de Michel Temer, não se sabe ainda se o Incra disponibilizará estes recursos.

da Coopan, da Coopat e em especial da Cootap, que realiza a maior parte da comercialização da produção.

Este coletivo constituiu um kit de produtos composto de arroz ecológico, suco de uva integral e leite em pó,[9] participando de diversas chamadas públicas para alimentação escolar, sobretudo prefeituras, nos Estados do RS, SC, SP e MG.

De acordo com informações, a Cootap comercializou, em 2014, mais de 4,9 mil toneladas de arroz ecológico, sobretudo para os programas públicos de aquisição de alimentos, conforme Tabela 12.

Tabela 12 – Comercialização Arroz Ecológico Cootap – 2014

Destino	Quantidade (kg)	Quantidade (sc)	%
PNAE	3.542.000	122.137	71,8
PAA – Institucional	1.059.000	36.517	21,4
PAA – Doação Simultânea	252.000	8.620	5
Outras Fontes	80.000	2.758	1.6
Total	4.933.000	170.032	

Fonte: Cootap (2015).

Em 2015, as informações da Cootap indicavam a comercialização de mais de 3,5 mil toneladas de arroz para os programas governamentais, conforme Tabela 13.

---

[9] Estes produtos são de parcerias estabelecidas pelo MST do Rio Grande do Sul. No caso do suco de uva, com a cooperativa Monte Veneto, associada da Coceargs, com fábrica no município de Cotiporã. O leite em pó, com a indústria da Cosulati, localizada em Capão do Leão, que beneficia o leite recolhido pelas cooperativas do MST na região Sul, Campanha e Fronteira Oeste, junto às famílias assentadas destas regiões.

Tabela 13 – Comercialização do arroz ecológico da Cootap – 2015

Fonte	Arroz Polido (kg)	%	Parboilizado (kg)	%
PNAE	696.060	28,5	107.000	9,8
PAA – Doação	240.064	9,8	-	-
PAA – Estoque	1.475.982	60,5	983.988	90,2
Redes/Feiras	25.000	1	-	-
Total em Kg	2.437.106		1.090.988	
Total em sacas	84.038		41.310	

Fonte: elaborado pelo autor com base nos dados fornecidos pela Cootap (2016).

Nos dois anos, os números indicam uma concentração elevada de vendas junto aos programas públicos, bastante suscetíveis às conjunturas políticas governamentais, tornando muito frágil sua política comercial.

Frente a este quadro, a direção da Cootap passou a coordenar, em 2016, um grupo criado pela Coceargs com o objetivo de organizar a comercialização para além das políticas governamentais, envolvendo outras cooperativas e produtos.

Ainda no final de 2015, a Coperterralivre (Cooperativa Central da Reforma Agrária Terra Livre Ltda), com sede em Nova Santa Rita, em parceria com a Coceargs, concluiu as negociações para a exportação de arroz ecológico para a Venezuela. Em janeiro de 2016, foram embarcados no porto de Rio Grande, 4,5 mil toneladas de arroz com destino a Caracas.

Até aqui, buscamos descrever a composição do grupo gestor, suas instâncias estaduais e coletivos operacionais, tudo isto na esfera da macrodecisão. A seguir, vamos descrever a dinâmica do funcionamento dos grupos de produção que compõem a base do sistema, a esfera da microdecisão.

O funcionamento dos grupos de produção

Na base deste conglomerado cooperativo estão os grupos de produção, onde se encontram as famílias assentadas, que apresentam distintos graus de organização e de cooperação entre as famílias e, por isso, distintos níveis de envolvimento destas na condução das lavouras de arroz.

Há as cooperativas de produção agropecuária (CPAs), que são coletivas e cuja totalidade das atividades são distribuídas em setores, conduzidos por seus associados, sendo a orizicultura um deles. Nas CPAs há uma plena auto-organização das famílias e uma divisão racional e técnica do trabalho, contando com a mecanização necessária às atividades. Ainda que desenvolvida apenas por alguns associados vinculados ao setor do arroz ecológico, todas as famílias da cooperativa participam tanto do planejamento das atividades quanto diretamente do trabalho, em seus respectivos setores produtivos e administrativos. Todo resultado do ano agrícola, extraído o conjunto de custos da produção, é distribuído conforme as horas trabalhadas de cada associado. Assim, a terra, o trabalho e o capital são gestados coletivamente pelo conjunto de famílias associadas à cooperativa, incluindo a produção do arroz ecológico. Por exemplo: a Coopan, no assentamento Capela, município de Nova Santa Rita; a Coopat, no assentamento Lagoa do Junco (rebatizado por Hugo Chávez), município de Tapes; e a Copac, município de Charqueadas.

Estas cooperativas, ao longo da existência do grupo gestor, contribuíram com outros assentamentos. De acordo com Orestes Ribeiro, Tarcísio Stein e Rodrigo Lopes (2015), a Coopat, pelo debate realizado no grupo gestor, a partir da safra 2010-2011, estabeleceu uma parceria com 30 famílias no assentamento Apolônio de Carvalho, em Eldorado do Sul. Como o assentamento recém-criado situava-se em uma grande área de várzea e as famílias não tinham condições de plantar por falta de maquinário e manutenção da infraestrutura de canais, a Coopat, sob orientação do grupo gestor, organizou dois grupos de produção naquele assentamento, totalizando 30 famílias, plantando naquela safra em torno de 300 ha. Como o objetivo da parceria era também qualificar e capacitar as famílias para o trabalho nos banhados, estabeleceu-se uma dinâmica em que as famílias assentadas entravam com a terra e a Coopat com as máquinas. Os custos das lavouras e o resultado da produção foram divididos meio a meio. O fundamental desta parceria foi o envolvimento das famílias na condução das lavouras à campo, juntamente com os assentados da Coopat.

Foram quatro safras realizadas com apoio da Coopat e na Safra 2014-2015 o assentamento contava com 11 grupos de produção, envolvendo 50 famílias que plantaram 432 ha. Na safra de 2015-2016, foram 13 grupos com 58 famílias, plantando 531 ha, dispensando o apoio da Coopat.

Outra forma de cooperação dos grupos de base refere-se às associações de produtores, nas quais os associados se reúnem em torno de maquinários e seus serviços para desenvolverem a orizicultura. O que pode diferenciar é o grau de envolvimento das famílias na condução à campo das lavouras de arroz ecológico.

É o caso da Associação 15 de Abril, do assentamento 30 de Maio, em Charqueadas, presente desde o início do grupo gestor. Ela reunia, em 2016, 24 famílias assentadas, 11 dessas plantando arroz ecológico, enquanto as demais estavam envolvidas na produção leiteira. Naquele período foram plantados 74 ha, sendo 17 ha para campo de sementes de arroz. Todas as 11 famílias dedicavam-se à condução das lavouras em seus lotes, tendo apoio da associação para os serviços de máquinas nas várias fases do ciclo agrícola. Contavam, também, com dois coordenadores do arroz.

A associação reúne regularmente os 24 associados para debater o planejamento do ano agrícola e o gerenciamento das máquinas tanto para as terras "altas" (seco), quanto para o arroz. Discutem-se também as jornadas de lutas do MST.

Quanto à condução das lavouras do arroz, as 11 famílias envolvidas se encontram a cada três meses para avaliar o seu andamento e remuneram dois assentados, de acordo com as horas trabalhadas, para a coordenação dos manejos requeridos no arroz. Já o custo do operador da máquina está embutido no valor do serviço prestado.

Ao longo da safra, as famílias envolvidas nas lavouras de arroz desenvolvem, se necessário, formas de ajuda mútua em que as famílias trocam dias de trabalho principalmente no período do plantio ou no replantio, quando se constatam falhas na semeadura, ou ainda quando da aplicação do bio-fertilizante.

Outra forma refere-se à associação que orienta as lavouras das famílias associadas, como no caso da Associação de Ri-zipiscicultura, existente no assentamento Filhos de Sepé, em Viamão. Com a evolução dos plantios de arroz ecológico nesse assentamento, organizou-se, em 2009, uma cooperativa local, a Cooperativa de Produtores Orgânicos da Reforma Agrária de Viamão Ltda (Coperav), na qual parte dos membros da Associação filiou-se à cooperativa, disponibilizando suas terras para que ela plantasse. Esta relação ganhou o nome de parceria, ainda que as famílias não estejam diretamente envolvidas na lavoura de arroz, elas se reúnem para planejar a safra, elaborar os projetos de lavouras, debater a comercialização dos grãos obtidos e sua porcentagem.

Essas famílias, ao disponibilizarem as "terras baixas" para a cooperativa, recebem 20% da produção obtida, sendo os custos assumidos pela cooperativa. Mas elas correm os mesmos riscos que a cooperativa caso haja frustração de safra.

Outra forma de participação das famílias nos grupos de base expressa-se nos grupos de produção conduzidos pelos assentados que possuem o maquinário necessário para o pleno desenvolvimento das lavouras de arroz. Estes articulam as famílias que querem plantar seus lotes e que não possuem a mecanização necessária e disponibilizam suas áreas para os assentados plantadores. O tamanho destes grupos varia, e esta relação também foi nomeada de parceria. Importante frisar que esta parceria não significa o mesmo que arrendamento, pois se estabelece uma relação de ajuda mútua, as famílias que cedem os lotes têm participação nas reuniões do seu grupo e no planejamento das atividades, inclusive algumas delas acompanham o processo em campo.

A dinâmica destes grupos é similar, com as famílias participando de reuniões internas no assentamento para o planejamento da safra com seu respectivo assentado plantador, discutindo o destino da safra obtida. Muitas destas famílias participam também dos seminários das microrregiões organizadas pelo grupo gestor para avaliação da safra e para o planejamento da próxima.

Em geral, as famílias recebem uma porcentagem da produção obtida e, por isso, correm o mesmo risco que o assentado plantador. Esta porcentagem varia conforme a condição do lote disponibilizado, mas em média está na faixa dos 20%.

Há, também, algumas parcerias que se estabelecem com base num valor pré-fixado a ser pago para a família assentada, em volume de sacas de arroz, independentemente da produção obtida, ficando todo o risco para o assentado plantador. Geralmente neste tipo de relação o grau de participação e interesse da família que cede o lote é menor.

Nota-se que neste nível de cooperação a ajuda ocorre sobretudo entre os assentados plantadores ao longo das atividades.

Isto é mais visível no assentamento Filhos de Sepé, município de Viamão, onde, em 2017, existiam 26 grupos de produção, plantando 1.662 ha. Esta ajuda mútua ocorre sobretudo no plano dos serviços de máquinas, pois nem todos possuem as máquinas e equipamentos adequados para a condução das diversas fases da lavoura de arroz, recorrendo eventualmente a serviços de outros assentados. No entanto, no momento da colheita a prestação de serviços ocorre como uma necessidade, pois neste assentamento apenas seis famílias e a Coperav possuem colheitadeira. Isso força o debate entre os assentados plantadores e o planejamento da colheita dentro do assentamento.

Além da cooperação em serviços de máquinas, o assentamento Filhos de Sepé conta com uma Associação para gerenciar o distrito de irrigação. Aqui a cooperação e a ajuda mútua ganham maior complexidade: os assentados que plantam precisam combinar e, coletivamente, gerenciar o uso da água, compondo o conselho de irrigantes do distrito de irrigação.

Pela complexidade desta experiência e os enormes conhecimentos gerados nesta forma de gestão de um dos fatores decisivos para os manejos ecológicos do arroz, daremos atenção especial ao funcionamento do distrito de irrigação do assentamento Filhos de Sepé.

Os distritos de irrigação

O grupo gestor do arroz foi compreendendo, ao longo do tempo, que o controle da água era determinante na disputa política do modelo produtivo. Quem controlava a água, controlava o destino da produção do arroz e seus respectivos manejos técnicos. Por isso, para se avançar a experiência do arroz ecológico era necessário organizar os distritos de irrigação nos assentamentos e, com ele, controlar e coordenar o uso da água.

O distrito de irrigação é um modelo de gestão dos recursos hídricos, vinculado a uma associação civil de direito privado sem fins lucrativos, combinando a gestão comunitária com o interesse público.

Atualmente o grupo gestor articula cinco distritos de irrigação na RMPA,[10] nos assentamentos Filhos de Sepé, em Viamão; Santa Rita de Cássia II – Nova Santa Rita e Apolônio de Carvalho, em Eldorado do Sul; Itapuí, em Nova Santa Rita; e Capela, em Nova Santa Rita.

A primeira e mais complexa experiência de distrito de irrigação, visto a dimensão da área irrigada, foi a do assentamento Filhos de Sepé. Este foi criado no final do ano de 1998, envolvendo 356 famílias, em 6.935 ha.[11] Ocorre que em outubro daquele ano foi criada a Área de Proteção Ambiental do Banhado Grande, englobando 137 mil ha, localizada nos municípios de Viamão, Glorinha, Gravataí e Santo Antônio da Patrulha. Desta forma, todo o assentamento encontrava-se dentro desta APA. Mais adiante, em abril de 2002, o Incra, cede para a Secretaria Estadual do Meio Ambiente (Sema) 2.543 ha do assentamento para a constituição de uma unidade de conservação e refúgio da vida silvestre "Banhado dos Pachecos" – este banhado é um componente importante da nascente do rio Gravataí, que abastece a cidade de Cachoeirinha.

Sob estas condições ambientais, o Incra e as famílias assentadas foram obrigadas a observar com atenção a dimensão am-

---

[10] Há outros três distritos de irrigação fora da RMPA, localizados no assentamento Santa Maria do Ibicuí, município de Manoel Viana, no assentamento Novo Horizonte, município de Santa Margarida e, um mais recente, no assentamento Renascer, município de Canguçu.

[11] Originalmente foram assentados em 9.200 ha da fazenda de propriedade de Renato Ribeiro. Nesta área encontra-se uma barragem com 100 ha de lâmina de água.

biental deste empreendimento. Nascem aí, neste assentamento, os primeiros conflitos entre a produção convencional e a ecológica. Ainda que as famílias soubessem das exigências da necessidade de uma produção ambientalmente ajustada àquela realidade, a indefinição na demarcação dos lotes e os atrasos nas liberações dos recursos facilitou o desenvolvimento das práticas do arrendamento para o cultivo convencional de arroz por agentes externos.

Este complexo contexto político-ambiental acabou gerando um Termo de Ajuste de Conduta (TAC), estabelecido em outubro de 2004, entre o Incra e os Ministérios Públicos Federal e Estadual, proporcionando condições para a elaboração de um estudo técnico desenvolvido pela Faurgs/UFRGS/IPH/ Incra, concluído em abril de 2005. Com base neste estudo, a Sema estabeleceu um limite técnico para o uso de água para irrigação da Barragem das Águas Claras: é a Cota 11, sendo, por conseguinte a Cota 10 o parâmetro para dimensionamento do perímetro irrigado do assentamento, totalizando uma área de 3.400 ha. Foi autorizado o uso agrícola anual de, no máximo, 1.600 ha. Com estas definições postas, obteve-se a outorga da água e a licença ambiental para a atividade do arroz ecológico.[12]

---

[12] Os conflitos de modelo de produção seguiram. Na safra 2006-2007, o Incra, na medida em que algumas famílias assentadas desrespeitaram o TAC e seguiram arrendando suas terras para o plantio de arroz convencional, moveu processo jurídico, resultando na retomada de 17 lotes, apreendendo a colheita de em torno 500 ha, depositando em juízo os grãos colhidos. A partir desta ação, o TAC passou a ser respeitado por todas as famílias, fortalecendo o plantio ecológico do arroz. No entanto, o problema de turbidez da água permanece, ocasionando, de tempos em tempos, o bloqueio da outorga de água, como foi o caso da safra 2017-2018, que após novo acordo entre a Sema e o distrito, foi autorizado o plantio do arroz ecológico.

As famílias assentadas ajustaram a Associação dos Moradores do Assentamento Filhos de Sepé (Aafise), criada em 2005, para viabilizar a execução das obras previstas no Programa de Consolidação e Emancipação de Assentamentos Resultantes da Reforma Agrária (PAC), para conduzir o distrito de irrigação. Desta forma, em setembro de 2007, a Aafise e o Incra assinam um contrato, tornando a associação a concessionária para administrar, operar e manter o distrito de irrigação. Ela apresenta o seguinte organograma:

Figura 2 – Organograma da Aafise

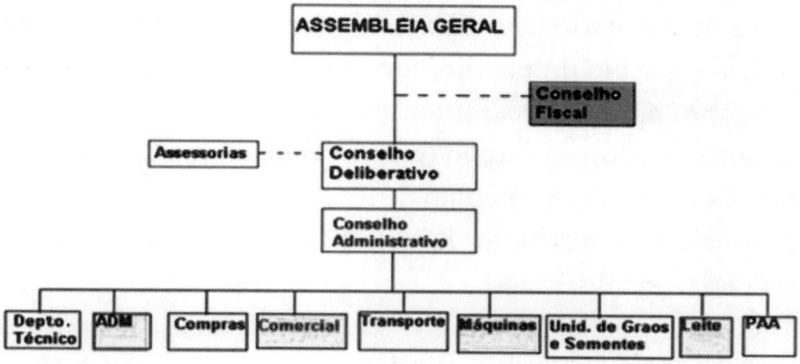

Fonte: Zang, 2015.

São consideradas instâncias deliberativas do distrito a assembleia geral, que busca reunir todas as famílias que tenham em cada safra projetos de lavouras aprovados, bem como o conselho de irrigantes, composto pelos representantes dos grupos de produção. A gerência executiva, por ser o órgão executor das decisões das instâncias superiores, acaba em seu cotidiano deliberando sobre questões operacionais.

Além do estatuto da associação, existe um regimento interno do distrito que normatiza as atribuições de cada instância deliberativa e das equipes auxiliares (coordenação, comissão técnica, secretaria e canaleiros).

Além da estrutura formal, deliberativa do distrito, existem procedimentos técnicos e operacionais que orientam o processo de tomada de decisão sobre o plantio de cada safra agrícola. Todo processo inicia com um edital de safra, elaborado pelo distrito em conjunto com o Incra, estabelecendo critérios de natureza técnica, política e financeira para apresentação dos projetos de lavoura.

Todas as famílias do assentamento interessadas em plantar o seu lote elaboram o seu projeto de lavoura indicando tecnicamente as condições de irrigação e drenagem, o croqui da área, entre outros documentos. Um grupo de assentados irrigantes, indicado pelo conselho do distrito, juntamente com o Incra, analisa os projetos apresentados, aprovando-os ou rejeitando-os. Com isso solucionado, a comissão técnica elabora um plano anual de gestão, orientando o conselho de irrigantes no uso da estrutura necessária para condução da safra e os custos decorrentes dos serviços a serem prestados.

Cabe também ao Conselho realizar a cobrança pelo uso da água. Ao final da safra, os custos coletivos gerados no processo produtivo são divididos entre todas as famílias que plantaram os lotes, realizando-se o desconto em sacas de arroz. Nestes custos encontram-se a manutenção e limpeza dos sistemas de canais (irrigação e drenagem) e os custos com a manutenção das máquinas pertencentes ao distrito. Para aqueles lotes que recebem água com bombeamento, o custo da energia elétrica é também dividido pelo número de hectares plantado por família. Em algumas safras também se dividiu os custos com os investimentos em infraestrutura.

De maneira geral, na Safra de 2014-2015, foram cobradas seis sacas de arroz por hectare para cobrir os custos do distrito de irrigação, permanecendo o mesmo valor na safra 2016-2017, que alcança 1.662 ha plantados.

Em 2016, o distrito contava com uma retroescavadeira e uma escavadeira hidráulica, destinadas aos serviços de limpeza e manutenção dos canais, além de dois tratores utilizados para os serviços de preparo de solo e condução das lavouras.

Estes serviços são cobrados dos associados pelo preço da hora-máquina correspondente ao serviço prestado. Em 2016, cobrava-se R$ 80,00/hora para os serviços da retroescavadeira e R$ 180,00/hora para a escavadeira hidráulica. Já em 2017, o valor da retroescavadeira foi para R$ 90,00, mantendo-se o mesmo valor para a escavadeira hidráulica.

A gestão aqui revela-se complexa, visto os diversos interesses em jogo e as diversas dimensões colocadas. O conselho de irrigantes gestiona os recursos hídricos de forma comunitária e democrática, com base em suas normas – estatuto e regimento –, mas, sobretudo com o diálogo para buscar o consenso. Na safra de 2015-2016 foram plantados aproximadamente 1.552 ha, envolvendo 152 famílias, obtendo uma produção de 137.119 sacas. Já na safra 2016-2017, foram envolvidas 172 famílias, plantando 1.662 ha, produzindo 140.063 sacas.

Inspirado nesta experiência, o grupo gestor do arroz ecológico, a partir de 2013, tratou de organizar os distritos de irrigação nos demais assentamentos.

A RELAÇÃO ENTRE O GRUPO GESTOR, COOTAP E A DIREÇÃO DO MST

Como já elucidado, o grupo gestor tem sua base organizada via grupos de produção, associações e cooperativas locais, tendo eles autonomia para desenvolver suas parcerias e estratégias de cooperação, orientados por um planejamento geral do grupo, validados nos encontros das microrregiões e no encontro estadual.

Operacionalmente, o grupo gestor delega tarefas para coletivos específicos, nos quais têm participação efetiva a Cootap e as cooperativas coletivas que beneficiam o arroz (Coopan e Coopat). E, ao longo do ano, o grupo gestor reúne-se com sua coordenação avaliando o processo em curso.

Nestes vários momentos da vida do grupo gestor, a Cootap tem participação efetiva como membra dos diversos coletivos executando tarefas de natureza técnica, como no caso da coordenação da produção de sementes; de atividades econômicas (fornecimento de insumos e horas-máquina aos grupos de produção); e na ação comercial para o conjunto do sistema.

Assim, a Cootap tem uma contribuição decisiva na vida do grupo gestor, mas não se confunde com ele. Ela faz parte do grupo, em pé de igualdade com as demais cooperativas e grupos de produção. Portanto, o grupo gestor do arroz ecológico não se confunde com a Cootap, não está submetida a ela, ainda que tenha tarefas essenciais em sua vida.

Desta forma, compreende-se o grupo gestor como uma metodologia organizativa que viabiliza a gestão participativa com os sujeitos que produzem, dando conta de diferentes fases do processo de produção, armazenamento, beneficiamento e comercialização do arroz ecológico.

Esta mesma metodologia se reproduz para os outros dois grupos gestores na RMPA: o grupo gestor das hortas ecológicas e frutas e o grupo gestor do leite.[13] De fato estes grupos gestores

---

[13] Atualmente discute-se a constituição de um grupo gestor das padarias, visto que na região, nestes últimos quatro anos, construíram-se seis padarias pertencentes aos grupos de mulheres, às cooperativas coletivas (Coopan, Copac, Cootap) e

estão vinculados à estrutura organizativa do MST na Região Metropolitana e não à da Cootap.

Quanto à COOTAP, seu organograma é produto do debate recente realizado para recompor os seus coletivos operacionais (departamentos) e garantir uma melhor divisão de tarefas. Fica claro que os grupos gestores não fazem parte das instâncias da cooperativa regional, conforme mostra a Figura 3.

Figura 3 – Organograma da Cootap

Fonte: elaborado pela Cootap (2015).

Ainda que o grupo gestor do arroz ecológico não esteja submetido à Cootap, esta cooperativa regional estabelece forte relação com seus associados, que estão organizados nos grupos de produção do arroz e nas cooperativas de base. Esta relação da Cootap com seus associados ocorre pelo fornecimento de insu-

---

à Coperav. Todas com atividades intensas junto ao PNAE e às feiras ecológicas da região.

mos agrícolas, da prestação de serviços de máquinas agrícolas, fretes e também se beneficia da sua ação comercial; a Cootap compra a produção dos seus associados. Com base nos últimos demonstrativos de resultados da cooperativa, constata-se o crescimento acelerado das receitas operacionais brutas da cooperativa, tendo por base o crescimento das operações de compra de arroz. Esta cifra saltou de R$ 2,3 milhões, em 2010, para R$ 12,4 milhões, em 2016, conforme indicado na Tabela 14.

Ainda que a Cootap tenha setuplicado a sua aquisição de arroz dos associados, este deixou de representar a totalidade de mercadorias adquiridas pela cooperativa como indicado no ano de 2010. Os números do ano de 2016 já indicavam que o arroz passou a ter um peso aproximado de 56% no total dos custos de mercadoria, tendo crescido outras atividades dentro da cooperativa, indicando a diversificação, destacando-se a comercialização de hortaliças orgânicas destinadas aos programas públicos de alimentação.

Quanto à relação entre a Cootap e a direção regional do MST, cabe esclarecer que existem instâncias distintas entre estas duas dimensões macrorregionais. Como já apresentado, a Cootap possui sua dinâmica organizativa e operacional com dirigentes liberados para o trabalho da cooperativa, além de possuir suas instâncias e setores/departamentos próprios.

Observa-se que a direção regional do MST apresenta também alguns dirigentes liberados, em tempo integral, e coletivos que buscam dar vazão às demandas das famílias assentadas na região (coletivos de gênero, juventude, educação). Estes dirigentes e coordenadores dos coletivos compõem a direção executiva do MST na região.

Em 2015, retomou-se as atividades da *frente de massa*, gerando ocupações de terra em Eldorado do Sul, Tapes; mais

Tabela 14 – Demonstrativos de resultados da Cootap
(Evolução itens selecionados em reais)

Itens	2010	2011	2012	2013	2014	2015	2016
Receita operacional bruta	3.069.679,00	9.901.225,00	17.235.521,00	22.578.669,00	25.162.781,00	21.972.948,77	29.008.579,78
Custo total de mercadorias	2.529.909,00	8.193.856,00	13.689.741,00	17.509.196,00	14.497.095,00	16.911.859,86	22.117.493,54
Custo com arroz	2.369.339,00	7.007.898,00	8.208.429,00	11.203.679,00	8.143.782,00	11.097.811,29	12.473.205,27

Fonte: elaborado pelo autor com base nos demonstrativos de resultados dos exercícios fornecidos pela Cootap, 2017.

recentemente, em 2016, organizaram-se dois acampamentos totalizando 400 famílias em Eldorado do Sul. A direção regional contribuiu com o acompanhamento dos acampamentos em estreita relação como coletivo estadual da frente de massa do MST.

Nos últimos anos, realizou-se o encontro dos sem terrinha e os torneios anuais de futebol nas microrregiões, seletivos ao torneio estadual do MST. Além dos encontros periódicos com as mulheres assentadas e sua participação nas lutas no 8 de março (dia internacional da mulher) e no 25 de novembro (dia nacional contra a violência às mulheres).

Ainda que a forma organizativa das famílias assentadas na RMPA tenha se alterado, ganhando força os grupos de produção, o MST busca estabelecer uma coordenação em cada assentamento. Com base nela ou em lideranças locais ou ainda naquilo que a militância denomina de "forças vivas" de cada assentamento é que se compõe a coordenação regional do MST. Esta é reunida pelo menos uma vez ao ano para debater a conjuntura político do movimento, orientar a luta e informar das conquistas obtidas.

A cada ano também realiza-se o encontro regional, envolvendo o conjunto de militantes, lideranças e estruturas econômicas da região, sendo um encontro massivo e representativo do conjunto dos assentamentos e coletivos da RMPA. Nestes espaços regionais participam também a Cootap, os coordenadores dos grupos gestores e os coordenadores dos coletivos mais atuantes na região, buscando dar unidade no conjunto de ações desenvolvidas na região.[14]

---

[14] Até 2017, participava desta direção regional os coordenadores dos núcleos de Ates (Viamão, Eldorado do Sul e Nova Santa Rita).

É este espaço que congrega os interesses comuns, mas sobretudo onde se analisa a região do ponto de vista do seu desenvolvimento político, ideológico e econômico, buscando equacionar as ações dos diversos instrumentos econômicos e políticos para assim construir a unidade política de condução do MST na RMPA.

Apresentamos, a seguir, o organograma da regional do MST, observando-se que os grupos gestores apresentam vínculo com as instâncias do MST como, por exemplo, os coletivos temáticos. Os responsáveis por estes grupos e coletivos compõem a direção executiva do MST na região metropolitana (Figura 4).

Figura 4 – Organograma do MST – RMPA

Fonte: MST – região metropolitana (2015).

Ainda que no cotidiano dos instrumentos regionais (cooperativas, grupos gestores, núcleos de assistência técnica, quando existiam, liberados para condução do MST), nem sempre o processo de trabalho era tranquilo e harmonioso dentro dos assentamentos; busca-se um planejamento comum, estabelecer uma unidade na ação junto às famílias assentadas.

Este planejamento é definido anualmente no encontro regional do MST e com base nele busca-se ajustar as atividades de cada instrumento econômico (sobretudo a Cootap) e técnico (sobretudo quando existiam as equipes técnicas da Ates), sendo a direção regional (executiva) o espaço político adequado para a avaliação e ajuste dos processos estabelecidos.

Até o momento, estas dimensões político-organizativas vão dando conta de conduzir o MST na região metropolitana, viabilizando tanto economicamente as famílias assentadas quanto constituindo espaços de participação e construção de uma efetiva alternativa política e socioeconômica ao agronegócio.[15]

A PRODUÇÃO DO CONHECIMENTO E O CONTROLE TÉCNICO DAS LAVOURAS DE ARROZ ECOLÓGICO

Elemento importante na constituição deste complexo cooperativo é a produção de conhecimentos gerados ao longo do tempo permitindo o controle pelos assentados dos processos técnico-produtivo das lavouras de arroz ecológico. O tema da produção do conhecimento merece destaque, pois indica um grau de desenvolvimento da ciência sob o controle camponês, sendo isso um forte elemento da resistência camponesa.

A objetivação humana é o momento pelo qual a teleologia se transmuta em causalidade posta, implicando na transformação da realidade. No interior destes atos de trabalho, emerge a necessidade da busca dos meios, sendo esta a impulsão imanente à captura da legalidade do em si existente (Lessa, 2012). É neste momento que o trabalho se conecta com o pensamento científico. Ao elevar o real ao plano do pensamento por um ato

---

[15] Em 2018, esta estrutura está novamente sendo reavaliada, com possibilidades de ser alterada.

de consciência, impulsionado pelo trabalho, gera-se uma nova objetividade: a categoria pensada. Este "reflexo"

> é a forma especificamente social da ativa apropriação do real pela consciência. É um ato de consciência que eleva o real à posse espiritual num processo de constante aproximação. Gera uma nova objetividade que confere um caráter dual: a categoria pensada e categorias reais. (Lessa, 2012, p. 100)

A socialização deste conjunto de objetivações modificando a realidade conforme as necessidades dos seres humanos vai se generalizando pela socialização (práxis social). No caso do grupo gestor do arroz ecológico, a socialização se pôs por meio dos dias de campo, dos seminários, das capacitações, dos intercâmbios de experiências.

Com o tempo, o desenvolvimento científico tornou-se independente da imediaticidade de cada ato singular posto em curso em cada ato de trabalho dos indivíduos. Formou-se um novo complexo humano social, posto pelo trabalho, mas que irá além dele, denominado de ciência (Lessa, 2012).

O crescimento das capacidades humanas para transformar a natureza se relaciona intimamente à generalização de relações sociais que, com o tempo, articula uma quantidade cada vez maior de homens em uma malha social cada vez mais desenvolvida (Lessa, 2012).

Este impulso à generalização é o responsável pela elevação do ser humano a patamares superiores, crescentes, de sociabilidade. Este impulso é a raiz do desenvolvimento de relações sociais que tornam o ser humano cada vez mais genérico (Lessa, 2012).

A experiência do arroz ecológico na RMPA, pela intensa participação daqueles que trabalham nos processos produtivos, decidindo os rumos políticos e econômicos do complexo, também interferem, gerando e dirigindo os conhecimentos necessários para o pleno desenvolvimento deste sistema cooperado. A combinação da observação empírica, da troca de experiência, do estudo científico das famílias assentadas nas suas relações imediatas com a natureza e das relações com as outras famílias e camponeses, vai gerar conhecimentos que permitem emancipar-se dos domínios da lógica do capital; são processos geradores de conhecimento que remetem ao gênero humano.

Um pouco distinto do que indica Milton Santos (1994), a "dialética do território", no caso do arroz ecológico nos assentamentos, permite um relativo controle local da técnica de produção e um relativo controle político da produção. A experiência do arroz ecológico demonstra que é possível a coordenação de uma cadeia produtiva, com base na participação direta daqueles que trabalham e produzem, sob uma coordenação e um planejamento com gestão democrática.

Como indicado por Gutierrez (2012), o grupo gestor pode ser considerado um sistema local de conhecimento e inovação sociotécnica agroecológica. Foi com base no coletivo de agricultores experimentadores, nos dias de campo e nos intercâmbios que se produziu, nestes 19 anos, um longo e rico conhecimento materializado no itinerário da lavoura do arroz ecológico. Descrito por Cadore (2015) e por Vignolo (2010), os processos produtivos do arroz ecológico requereram diversas inovações técnicas; destacamos as seguintes:

A fertilidade do sistema produtivo

A partir de muita observação de campo e diálogo no grupo gestor compreendeu-se que a incorporação dos manejos da resteva do arroz era essencial no processo de manutenção da fertilidade do sistema produtivo (Cadore, 2015; Vignolo, 2010).

Compreendeu-se que a safra do arroz não deveria ser encarada como um processo que se iniciava com o preparo dos solos ao final do inverno, mas que as famílias produtoras deveriam incorporar todo o ciclo biológico tendo como ponto de partida justamente o manejo da resteva, tecnicamente ignorado pelo sistema de plantio convencional de arroz. A resteva é considerada como

> Material orgânico da cultura que fica na lavoura após a colheita (palha picada, parte da planta ancorada no solo, raízes etc.). Sendo a principal fonte de alimento para o desenvolvimento da biocenose do solo. A quantidade de matéria orgânica da resteva depende da biomassa da cultivar, capacidade de rebrote, época de colheita e da vitalidade da terra/solo. (Cadore, 2015, p. 30)

Passou-se a compreender que o primeiro momento das lavouras de arroz ecológico seria justamente o período de entressafra, zelando pelas boas práticas de manejo da resteva. Conforme indicado por Cadore (2015, p. 29),

> Os primeiros passos na mudança do manejo do arroz na várzea deram-se anos atrás, colher em março e voltar nos próximos meses de agosto ou setembro era uma prática normal. [...] O período de tempo entre a colheita e o plantio da nova safra, a entressafra, foi o espaço de maior atenção de manejo da fertilidade, um período de poucas atividades.

Estes manejos já se iniciam com a colheita da safra, equipando as colheitadeiras com picadores de palhas na saída das máquinas.

Outra inovação essencial foi a introdução dos animais no sistema produtivo. De maneira geral, as famílias colocam o gado de corte nas áreas menos úmidas das várzeas. Nas áreas mais próximas das moradias também é colocado sob a resteva o gado de leite. Além da fertilização desenvolvida pelo esterco e urina, o pisoteio dos animais permite que as plantas espontâneas e os grãos caídos brotem e se desenvolvam, sendo posteriormente eliminados pela alimentação dos animais ou esta biomassa gerada será incorporada ao solo no momento do preparo da várzea.

Este processo, ao longo de quatro a cinco meses, permite a mineralização da resteva nos solos de várzea, ampliando sua fertilidade. De acordo com Cadore (2015, p. 30),

> a resteva de gramíneas tem um processo mais lento de mineralização, sendo necessária uma aderência ao solo, que pode se dar tanto pelo uso de animais, quanto por uma 'leve' mecanização com o objetivo de acelerar o processo de mineralização, estimulando a renovação da biomassa, contribuindo para a elevação do nível de matéria orgânica e para a reciclagem de nutrientes.

Na busca de novos manejos que ampliassem a fertilidade do sistema, o grupo gestor introduziu outras duas inovações técnicas, aprendidas pela troca de experiência, diálogo e observação de campo. Trata-se do uso de biofertilizantes e de compostos biodinâmicos.

Quanto aos biofertilizantes, o mesmo tornou-se uma prática comum para o conjunto das famílias que produzem arroz ecológico. Além de um excelente fertilizante foliar, ele contribui como fito protetor natural reduzindo a incidência de insetos e doenças, bem como estimula o crescimento vegetativo do arroz e a sua floração. De acordo com Cadore, o biofertilizante

> [...] é um adubo orgânico líquido proveniente da decomposição anaeróbica, pelo processo fermentativo com auxílio de micro-organismos [...]. O biofertilizante basicamente é produzido a partir de esterco de bovinos, caldo de cana-de-açúcar, pó de rocha e água. (Cadore, 2015, p. 40)

Também é de uso corrente nos grupos de produtores a utilização de urina de vaca, como fonte de nitrogênio, sendo aplicada entre o 27º e o 34º dia, podendo ser feita outra aplicação após o 45º dia, numa dosagem de 150 litros por hectare, com uma concentração de 5% em água (Vignolo, 2010; Cadore, 2015).

Quanto aos preparados biodinâmicos, são práticas mais recentes ainda em fase de avaliação, adotados por alguns grupos de produtores. Em especial, o grupo gestor avalia dois tipos de preparados: o Chifre de Sílica (501) e o Chifre de Esterco (500) (Cadore, 2015).

Elaborado no verão, o preparado com Sílica é utilizado para inoculação das sementes de arroz, bem como para adubação foliar. Ele permite que o arroz metabolize melhor a energia solar. Aplicado no 20º dia após o plantio, numa dosagem de seis gramas por hectare, pode ser utilizado também durante outras fases do ciclo do arroz, aplicado em conjunto com o biofertilizante (Cadore, 2015).

Já o preparado com esterco é elaborado no inverno, podendo também ser aplicado à semente do arroz, mas é utilizado sobretudo no preparo do solo. Ele "[...] capacita a planta a metabolizar melhor os minerais através do fortalecimento do sistema radicular." (Cadore, 2015, p. 39).

Outro manejo aprendido pelo grupo gestor, a partir de troca de experiências, intercâmbios e observação em campo, refere-se ao controle e condução das águas na lavoura.

Esta é fundamental no processo produtivo, pois se mal realizada durante o processo de drenagem das áreas alagadas poderá levar o solo do terreno e com ele boa parte da fertilidade adquirida ao longo das safras. Tal prática torna-se um elemento essencial para manutenção da fertilidade do sistema. Isto só se adquire com a vivência e com a troca de experiências, objeto permanente de capacitação dentro do grupo gestor, sobretudo a partir dos dias de campo.

A integração de animais no sistema produtivo

A integração de animais no sistema produtivo mais usual foi a prática da introdução do gado de corte na resteva. Após a colheita, no final de março, introduz-se o gado, sendo retirado em fins de julho. Ainda que esta prática não esteja sistematizada no grupo gestor, em geral, estabelece-se a relação de um animal por hectare, que permite o sustento deste sem a necessidade de suplemento alimentar ou plantio de pastagem de inverno.[16]

Mas, ao longo do tempo, foram utilizadas outras estratégias como a introdução de peixes neste processo de entressafra, desenvolvendo-se experiências pontuais de rizipiscicultura. Foi o caso das experiências da Coopat, no assentamento Lagoa do Junco, município de Tapes; de um grupo de produtores no assentamento Filhos de Sepé, em Viamão, chegando inclusive a constituir uma associação de rizipiscicultores; e de um agricultor no assentamento 19 de setembro, município de Guaíba.

Este consórcio entre arroz e peixe tem por base o uso de algumas variedades de carpas, cumprindo funções distintas no sistema, conforme esclarecido por Escher (2010, p. 74),

> Com as espécies húngara (*Cyprinus carpio var húngara*), faz um 'preparo de solo', tem hábito alimentar onívoro, que come de tudo, na procura de alimentos, como insetos, organismos aquáticos e as sementes das plantas indesejáveis, como arroz vermelho e capim arroz, a cabeça grande (*Aristichthys nobilis*) espécie filtradora, ao filtrar grandes quantidades de água, consome algas unicelulares, pequenos organismos de zooplâncton, carpa prateada (*Hypophtalmiehthys molitrix*) com função semelhante a cabeça grande, ação filtradora, *carpa capim (Ctenopharyngo-*

---

[16] Ainda que o grupo gestor não tenha sistematizado estas práticas, já aparecem as primeiras pesquisas sobre esta integração, como é o caso da dissertação de mestrado de Roseli Canzarolli, defendida em 2017, sob o título "Integração lavoura-pecuária para diversificar a produção de arroz no assentamento Filhos de Sepé (Viamão-RS): desafios e potencialidades da ocupação da várzea".

don idella) tem hábito alimentar herbívoro, produz uma alta quantidade de fezes.

Além dos benefícios econômicos gerados pela redução dos custos da lavoura e o incremento de renda com a venda dos peixes adultos, a introdução destes animais contribuiu também com os aspectos técnicos da lavoura de arroz. De acordo com Cadore (2015, p. 39),

> Os peixes reciclam a matéria orgânica, adubam o solo com suas fezes, consomem sementes de plantas invasoras contidas no solo, como o arroz vermelho, o capim arroz, as ciperáceas e outras plantas aquáticas. Os peixes também consomem larvas de insetos, caramujos, bicheiras da raiz, sementes de arroz perdidas na colheita e restos culturais da lavoura que são os focos de fungos como o da Brusone.

O grande limite encontrado para esta prática foi a concorrência com a fauna local. Como as lavouras de arroz encontram-se em áreas mais distantes e isoladas, os predadores naturais como lontras, aves e ratões, atacam as lavouras reduzindo severamente a população de peixes implicando na eficácia dos manejos. Isto determinou, com o passar do tempo, o abandono pelos grupos de produtores da prática de rizipiscicultura.

No entanto, as experimentações não pararam por aí. Algumas famílias e grupos introduziram o marreco de Pequim (*Anas boschas*) como forma de preparo dos solos em suas lavouras e formas de reposição da fertilidade dos solos. Conforme indicado por Cadore, os marrecos

> [...] alimentam-se da resteva, restos de sementes de arroz, de plantas indesejadas e animais de pequeno porte. Nesta atividade de busca de seu alimento, os marrecos estão preparando o solo para receber a semente, diminuindo o uso de maquinários nas lavouras. Por passarem a maior parte do tempo nas parcelas sob uma lâmina de água em torno de 10 cm, os marrecos fertilizam o solo com seus excrementos. (Cadore, 2015, p. 37)

Os benefícios desta prática são evidentes. Torna-se uma forma de diversificação de renda, possibilitando o controle de plantas e insetos indesejados, além de contribuir com a fertilização das várzeas.

O inconveniente é justamente o manejo, implicando no seu recolhimento diário das lavouras e sua guarda. As lavouras devem estar próximas das residências dos agricultores, o que não é um fato comum para as famílias que produzem arroz ecológico na RMPA, limitando, portanto, a experiência. Com o passar do tempo, percebeu-se que esta era uma prática muito restrita a algumas situações, caindo em desuso pelo grupo gestor.

O controle de plantas espontâneas e de insetos

O grupo gestor consolidou em seus manejos técnicos a preparação antecipada dos solos e a inundação prévia como mecanismos essenciais para o controle das plantas espontâneas, sobretudo o arroz vermelho (*Oryza sativa L.*), a grama boiadeira (*Luziola peruviana*) e o controle de insetos, em especial o gorgulho aquático, conhecido por "bicheira da raiz" (*Oryzophagus oryzae*).

A incorporação superficial da resteva, seja com rolo faca e/ou com grade e/ou com animais, é realizada logo após a colheita, sendo recomendada que se faça até duas vezes no período da entressafra, com o objetivo de acelerar a decomposição e a renovação do material orgânico com a entrada de ar e temperatura ativando a vida biológica do solo. Esta prática aumenta a ciclagem de nutrientes e aumenta a matéria orgânica do solo, tendo efeito positivo sobre a fertilidade das várzeas (Cootap, 2014).

Outra prática importante, indicada no itinerário técnico do grupo gestor, refere-se à recomendação de incorporar o calcário dolomítico, o fosfato natural e/ou farinha de rocha (basalto ou granito) 90 dias antes do plantio.

O preparo do solo pode ocorrer a seco ou com água; no entanto, recomenda-se realizá-lo a seco. De acordo com Vignolo (2010, p. 37), "normalmente o preparo de solo se dá por meio de uma gradagem seguida da inundação da lavoura por 25 a 30 dias. Depois ocorre a formação do lodo e a semeadura". Conforme indicado por Cadore (2015, p. 43),

> os objetivos do preparo antecipado são: a incorporação da resteva e plantas espontâneas, possibilidade de renovação da biomassa, realizar um bom nivelamento dos quadros, aeração do solo quando realizado a seco, decomposição da biomassa.

Já o itinerário técnico inclui alguns outros objetivos, como:

> [...] a eliminação de focos de insetos e doenças, o controle de plantas indesejadas e a correção dos desníveis da área de 'micro--relevos' para facilitar o manejo da água e estabelecimento das plantas e formação da "lama" do lodo para receber as sementes. (Cootap, 2014, p. 2)

Com o solo inundado por este longo período, ocorre a indução à dormência de diversas sementes existentes no solo, reduzindo a possibilidade de competição com o arroz.

A inundação prévia das áreas de plantio só é possível se elas estiverem sistematizadas conforme a topografia do terreno, se a infraestrutura de canais de irrigação e drenagem estiverem limpas e em condições de uso. Estas características são consideradas estruturais para o bom manejo das lavouras de arroz ecológico, preocupação sempre presente no grupo gestor.

Com o alagamento cessa o metabolismo aeróbico e inicia o anaeróbico, instituindo a fermentação, conhecida popularmente como a fase do "banhado azedo". Com ela, aumenta-se a concentração de ácidos orgânicos (acético, lácteo, butírico, entre outros) nos primeiros 20 a 30 dias, melhorando o PH (Potencial Hidrogeniônico) gerando um ambiente desfavorável à germinação das plantas e ao seu desenvolvimento (Cootap, 2014). Este processo atingirá o seu equilíbrio entre o 30º e 40º dia após o alagamento, ampliando o PH do sol para em torno de 6,5, disponibilizando nutrientes para a solução do solo prontos para serem absorvidos pelas plantas (Cootap, 2014).

O controle da água foi outro manejo objeto de muito debate, intercâmbio e troca de experiência dentro do grupo gestor, dado sua importância no controle das plantas espontâneas e no controle de insetos.

Neste último é comum, ainda, o uso de tochas de fogo para controlar a presença dos percevejos, ou a colocação de poleiros em meio às lavouras para que o gavião-caramujeiro (*Rostrhamus sociabilis*) possa aterrissar e se alimentar do caramujo (*Pomacea caniculata*), que também pode ser evitado colocando telas nas entradas de água das lavouras e fazendo a limpeza dos canais de irrigação no período de entressafra.

O pássaro preto (*Agelaius ruficapillus*) segue tendo presença nas lavouras, mas seus danos são minorados à medida que os grupos disponibilizam um pouco mais de sementes no plantio, considerando estas possíveis perdas, girando em torno de 175 kg de semente/ha.

Ajuste no período de semeadura e as variedades adaptadas

Com o desenvolvimento prático das lavouras, os grupos de produção e as cooperativas, dentro do grupo gestor do arroz, foram estabelecendo as variedades mais adaptadas às condições edafoclimáticas dos assentamentos e definindo o melhor período do plantio de cada uma delas. Estes conhecimentos também foram incorporados no itinerário técnico do grupo gestor. Conforme sugerido por Cadore,

A época de semeadura tem relação direta com a produtividade. É o principal fator de produção no Rio Grande do Sul, sendo considerada a data limite até 10 de novembro para realizar a semeadura no Estado. O rendimento do grão de arroz irrigado é determinado pela biomassa, sendo esta determinada pelo índice de radiação solar, o fotoperíodo. A fase mais crítica é a reprodutiva do arroz, principalmente nos estágios da diferenciação dos primórdios da panícula (DPP) até a floração, que requer muita radiação solar, no mínimo 20 dias antes e 20 dias depois da floração. Para isto é fundamental que a semeadura seja realizada na época recomendada para aproveitamento da energia gratuita e renovável, com fotoperíodo maior do fim de novembro até 15 de fevereiro. (Cadore, 2015, p. 46)

Quanto ao período de plantio, o itinerário técnico do grupo gestor sugere a semeadura conforme segue: "ciclo precoce – Irga 417, plantio entre 15/10 e 10/11; ciclo médio – Irga 424, plantio de 1/10 e 10/11 e ciclo tardio – Epagri 108, plantio até 10 de outubro" (Cootap, 2014, p. 4).

A armazenagem e o beneficiamento

Também neste momento do processo organizativo, o grupo gestor tratou de buscar informações e desenvolver estudo, capacitação e gerar inovações tecnológicas, visto a exigência de não haver contaminação do arroz ecológico com o arroz convencional e a necessária rastreabilidade do produto.

Na safra 2014-2015, o grupo gestor colocou como desafio qualificar o processo de armazenagem, tendo por início o desenvolvimento do vazio sanitário, onde todos os armazéns foram lavados, inclusive com a retirada do fundo dos silos para limpeza. Este processo ocorreu nos da Cootap (nos assentamentos Apolônio de Carvalho e São Pedro, em Eldorado do Sul), e nos da Coopan e nos da Coopat.

Posterior à limpeza, todos os silos foram pulverizados com "terra de diatomácea", necessária ao controle orgânico fitossanitário do gorgulho (*Sitophilus oryzae*), do besourinho de cereais (*Ryzopertha dominica*) e da traça (*Sitotroga cerealella*), principais insetos que danificam os grãos estocados.

Este procedimento foi desenvolvido com a orientação do professor Rafael Dionello, ligado ao departamento de fitossanidade da Faculdade de Agronomia da UFRGS. A partir da pesquisa com a terra de diatomácea, há mais de três anos nos silos do grupo gestor, ficou comprovada a sua eficácia, generalizando-se o seu uso.[17]

Quanto à fase do beneficiamento, o grupo gestor buscou desenvolver pesquisas sobre como conservar o produto beneficiado já que no processo não são utilizados conservantes químicos, nem é aplicado veneno para o expurgo dos grãos.

Por sugestão da Conab/RS, o grupo gestor foi visitar empresas que trabalhavam com o beneficiamento a vácuo de alimentos e concluíram que esta técnica seria uma saída para manter o arroz processado sem a presença do gorgulho (caruncho). Na medida em que se retira o ar da embalagem, evita-se a eclosão dos possíveis ovos deste inseto, garantindo durabilidade ao produto na comercialização e no armazenamento, seja pelo

---

[17] Ainda que se chame popularmente de "terra" de diatomácea, este produto tem por base uma alga marinha, que desidratada vira uma "cal" (dióxido de sílica). Este pó no corpo do inseto desidrata-o, levando-o à morte. Ela controla todos os insetos que atuam na armazenagem, seja em sua fase adulta, seja na fase larval, não atuando sobre os ovos dos insetos. Muito eficiente e com baixo custo, a "terra de diatomácea" deve ser aplicada também em todo o grão seco estocado, além das estruturas físicas dos silos.

consumidor seja pelas empresas que atuam na revenda do produto no varejo.

O grande impeditivo desta técnica (embalagem a vácuo) era o elevado valor do maquinário e o custo das embalagens. No entanto, após muito diálogo, a Coopan adquiriu o maquinário com um aporte de R$ 600.000,00, prestando serviços para todo o sistema.[18]

Outra inovação no processo de armazenamento e de beneficiamento refere-se às exigências de rastreabilidade dos produtos orgânicos e seus respectivos mercados. Por isso, sob orientação da equipe técnica da certificadora Coceargs, todos os silos utilizados a partir da safra 2015-2016 foram definidos para receber os grãos segundo a classificação exigida pelos tipos de mercados (polido, integral e parboilizado) e pela certificação.

A certificação requer a segregação dos produtos por escopo; o BRO refere-se à produção destinada ao mercado interno; o CEE destina-se ao mercado da União Europeia (UE); e o NOP, para o mercado dos Estados Unidos (EUA).

Estes escopos apresentam implicações práticas a campo, seja relacionado ao tempo dos manejos agroecológicos das lavouras, seja nos insumos utilizados. O escopo BRO é destinado para o arroz produzido organicamente já no seu primeiro ano após a conversão agroecológica.[19] Para o CEE são necessários dois anos

---

[18] Em 2016, o custo destes serviços estava na ordem de R$ 0,02 por quilo e o custo da embalagem a vácuo acrescentava no valor final do produto R$ 0,35. O serviço cobrando pela Coopan para o beneficiamento do arroz do grupo gestor estava, em 2016, na ordem de R$ 6,00 para cada saca de 50 kg de arroz beneficiado.

[19] É considerado ano zero, aquele ano em que o agricultor fez a conversão dos manejos convencionais para os manejos agroecológicos. Caso a área já esteja em pousio, sem a produção convencional, esta lavoura de arroz agroecológica, já pode receber o escopo BRO.

de produção após a conversão. E no caso do NOP é exigido três anos de plantio orgânico pós-conversão. Quanto aos insumos, por exemplo, os escopos CEE e NOP não aceitam adubos orgânicos que tenha por base lodo de tratamento de efluentes e ou resíduos de frigoríficos. Ao mesmo tempo a legislação do NOP aceita práticas como o uso do fogo.

Dentro da temática do pós-colheita, com o propósito de melhorar as condições de infraestruturas e tecnologias para manter a qualidade do produto colhido, o coletivo de armazenagem e beneficiamento vem aprofundando o tema da tecnologia de resfriamento dos grãos dentro dos silos, com experiências em curso, assessorado pelo professor Dionello da UFRGS.

A aquisição da máquina de resfriamento de grão pela Cootap é uma demanda do grupo gestor para atender as necessidades de todas as unidades de secagem e armazenagem. Esta máquina, apelidada de "pinguim", foi instalada em cima da estrutura de um caminhão para facilitar o deslocamento e ganhar agilidade.

Tal tecnologia já foi utilizada na safra 2014-2015 com bons resultados, uma vez que os grãos são resfriados entre 14 e 16ºC, ficando por 5 a 6 meses nestas condições. Para isto é necessário fechar as aberturas dos ventiladores e não mais ventilar, somente resfriando quando necessário.

Para que esta tecnologia seja aplicada, o arroz deve estar com umidade do grão inferior a 16%.[20] Nestas condições de umidade e de temperatura, elimina-se a proliferação de insetos e fungos e outros microrganismos, mantendo a qualidade do produto armazenado.

---

[20] O melhor resultado foi atingido com a umidade do grão a 13%.

Outra novidade tecnológica refere-se ao sistema de secagem com GLP (Gás Liquefeito de Petróleo). Na Safra 2015-2016, a Cootap instalou este sistema na unidade dos Lanceiros Negros, com o objetivo de garantir a qualidade do arroz, livrando-o da fumaça vinda com a queima de lenha.[21] A aplicação desta tecnologia busca, ainda que em parte da produção, oferecer um produto de melhor qualidade ao consumidor e também abrir novas fronteiras de mercado.

Com a implantação do projeto da indústria do arroz parboilizado, a Cootap realizará um processo de secagem com base na utilização do vapor da caldeira, secando todo o arroz sem a utilização da queima da lenha, eliminando os gases HPAs (Hidrocarbonetos Policíclicos Aromáticos), reduzindo também seus custos e seus impactos ambientais.

O PROCESSO DE CERTIFICAÇÃO PARTICIPATIVA DO GRUPO GESTOR

Como indicado no primeiro capítulo, o arroz ecológico na RMPA é certificado por dois caminhos: por auditoria, realizada pelo Instituto do Mercado Ecológico (IMO),[22] e pela certificação participativa, desenvolvida pela Cooperativa Central dos Assentamentos da Reforma Agrária do Rio Grande do Sul Ltda (Coceargs).

As primeiras iniciativas de certificação do arroz datam de 2002, quando das primeiras vendas no varejo, a empresa Terra

---

[21] A queima da lenha produz gases de hidrocarbonetos policíclicos aromáticos (HPAs), que são cancerígenos e não são permitidos pela legislação CEE e NOP. Alguns mercados brasileiros já estão exigindo que o arroz não contenha cheiro de fumaça.

[22] O IMO é uma empresa de origem Suíça, credenciado no Mapa para o escopo brasileiro e oferece serviços de certificação para escopos internacionais por meio de uma parceria com a empresa alemã Ceres.

Preservar exigia a comprovação de que a produção era realmente orgânica. Naquele momento a auditoria foi realizada pelo IMO (mas ainda não se obteve o certificado).

Somente em 2004, a partir de nova auditoria, novamente realizada pelo IMO, a nova inspeção autorizou a emissão do certificado tendo, no entanto, como mantenedora, a empresa Jasmine (sede em Curitiba). Somente em 2006, a Coceargs passou a ser mandatária do processo de certificação orgânica.

Certificação por auditoria

Atualmente (2018) a auditoria do arroz ecológico segue com o IMO, com inspeções anuais, estando certificadas 385 famílias. Além da produção dos agricultores, certifica-se também os engenhos de arroz da Copan e da Coopat e os silos secadores da Cootap. O IMO certifica para o escopo BRO e, com apoio da empresa Ceres, certifica para o CEE e NOP.

A relação com o IMO é centralizada pela Cootap, a qual encaminha, por meio da equipe interna de certificação, documentos indicando o número de áreas a serem certificadas, os escopos pretendidos, além do envio dos planos de manejo orgânico dos grupos e o plano de manejo da Coceargs. Com isso, o IMO retorna com uma proposta de cronograma de atividades e com o orçamento.

Quando da visita do IMO, inicia-se conferindo no escritório da certificação a documentação dos agricultores e das cooperativas. Faz-se uma escolha aleatória de 10% das famílias inclusas na certificação, buscando dar preferência aos grupos mais novos e cooperativas com áreas maiores.

De acordo com o informado por Patrik Silveira (2016), técnico agrícola vinculado à Cootap e responsável pela relação com a auditora IMO, no ano de 2015, foram inspecionadas 30 famílias, duas cooperativas coletivas (CPAs) e as unidades industriais.

Ao final do processo de inspeção, o IMO emite uma nota apresentando ou não, situações de não conformidade. No caso da Coceargs, as não conformidades até o presente momento foram em torno de documentos incompletos, mas sem restrição de campo. Solucionadas as não conformidades, o IMO emite um certificado geral em nome da Coceargs e nele faz menção à lista de famílias presentes neste processo. Também é emitido um certificado para cada unidade agroindustrial (engenhos de arroz), constando os produtos certificados. O IMO também emite o certificado de transação comercial (TC) autorizando a comercialização dos produtos como orgânicos.

Ainda que o certificado seja emitido para a Coceargs, os custos da auditoria são assumidos pela Cootap, por se tratar de associados desta cooperativa.[23] A Cootap cobra dos seus associados uma saca de arroz por hectare certificado pelo IMO.

Este é um exemplo que explica a crítica das organizações populares ao processo de certificação por auditoria, imposto pelo Mapa quando da formulação da legislação brasileira para a produção orgânica. Criou-se, de fato, uma "indústria da certificação" com elevados custos aos agricultores e suas organizações.

Certificação participativa

Quanto à certificação participativa, o processo é mais recente, iniciando-se os trâmites para o registro em 2009. Conforme indicado pelo manual de trabalho do sistema interno de controle, da Coceargs,

---

[23] Em março de 2017, a Cootap contou com nova auditoria do IMO, com o custo total de R$ 63.870,00, incluso a certificação dos associados e das agroindústrias.

[...] a legislação brasileira permite a constituição de sistema de controle interno, organização local de um grupo de pequenos agricultores para realizar os seus próprios procedimentos de inspeção e verificação. O papel da certificadora se limita em verificar a competência e credibilidade do trabalho do sistema de controle interno. Este sistema deve dar conta de elaborar e qualificar procedimentos, criar documentos, capacitar inspetores interno e realizar as inspeções anuais de todos os produtores e de todas as unidades de produção orgânica. O inspetor da Certificadora verificará por amostragem algumas unidades e a qualidade de trabalho de inspeção e avaliação realizado. (Coceargs, 2015, p. 3)

Desta forma, a Coceargs, com base na demanda do grupo gestor das hortas e frutas da RMPA, a partir de 2009, encaminhou junto à CPOrg (Comissão de Produção Orgânica) do Mapa, o processo de certificação para garantir a participação nas feiras orgânicas existentes na região e garantir melhores preços junto aos programas governamentais de aquisição de alimentos.

Conforme ilustrado no manual de orientações da Coceargs (2014, p. 6),

A partir do final de 2011, através da participação na comissão da produção orgânica, coordenada pelo Mapa/RS, e com a assessoria da rede ecovida, começamos a estudar e compreender os conceitos de controle social e certificação participativa. Em 2012, a Coceargs criou uma OCS única para a região metropolitana, com características diferenciadas pelo tamanho (mais de 200 famílias em 2015, em seis municípios), mas aceita pelo Mapa, por ter nascido a partir da organização já existentes dos grupos gestores da região e com entendimento que essa organização já realizava um controle social eficiente.

Os dois anos de existência do Organismo de Controle Social (OCS) deu a base organizativa e metodológica para a constituição de um sistema participativo de garantia (SPG) lastreado nos grupos de produtores vinculados aos grupos gestores e o desenvolvimento da metodologia por meio das visitas de pares, avaliações, acompanhamento técnico e a composição de um manual de procedimentos e um regimento interno.

Assim, em dezembro de 2014, o Mapa reconhece o organismo participativo de avaliação de conformidade (Opac) vinculada a Coceargs, permitindo

> [...] aos produtores certificados o uso do selo do SisOrg nos rótulos de seus produtos, da mesma forma que com certificação por auditoria. Permite a venda de produtos certificados orgânicos em todo território nacional e tem o mesmo reconhecimento que a certificação por auditoria. (Coceargs, 2014, p. 7)

Assim, o sistema participativo de garantia (SPG) da Coceargs, de acordo com o manual de orientações, conta com:

> – Uma Opac inserida na estrutura organizativa da Coceargs;
> – Diversos grupos de famílias produtoras orgânicas (produção primária e processada) e suas organizações, cooperativas e ou associações;
> – Uma comissão de avaliação, composta por um representante de cada cooperativa e ou associação interessada em produção orgânica, representantes dos grupos, assentamentos e linhas de produção e representantes das equipes de assistência técnica;
> – Um conselho de recurso, composto de técnicos e produtores que não participam da comissão de avaliação, chamados pela coordenação dos grupos gestores quando necessário. (Coceargs, 2014, p. 9)

a) Funcionamento do OCS

Todas as famílias assentadas certificadas estão em grupos de no mínimo cinco. Para montá-lo requer-se uma ata de constituição do grupo e um estatuto esclarecendo sua dinâmica de funcionamento. Todos os membros do grupo têm de preencher um cadastro e apresentar o Termo de Responsabilidade de Produção Orgânica além da Declaração de Aptidão ao Pronaf (DAP) atualizada.

No sistema da Coceargs, a média de reuniões dos grupos é bimensal.[24] Conforme esclarecido por Patrik Silveira (2016), as reuniões ocorrem nas casas dos agricultores, iniciando com a leitura da ata da reunião anterior e os pontos pendentes. Todo o grupo visita o lote do agricultor que recebe a reunião e, em seguida, os demais lotes dos membros do grupo. Alguns grupos convidam pessoas de fora (diretores de escola ou professores, consumidores ou entidades) para acompanhar as reuniões e as visitas. O grupo também define quem irá fazer as anotações sobre as observações de cada lote visitado.

Tais visitas, denominadas "visita de pares", têm a função de verificar o conjunto do lote da família, observando desde a forma como é tratado o lixo gerado, a situação do entorno da casa, as divisas com outras propriedades, sobretudo se na vizinhança encontram-se cultivos convencionais. Checa-se as fontes de água, as origens das mudas, o tipo de adubação. Para estas visitas existe um roteiro a ser seguido, presente no manual de trabalho do sistema interno de controle, da Coceargs (2015).

Conforme Patrik Silveira (2016), cabe lembrar que a família que esteja desenvolvendo atividades orgânicas, como o arroz e hortaliças, não está impedida de ter algum cultivo convencional como, por exemplo, milho e/ou mandioca. Esta família terá cinco anos para fazer a conversão do conjunto das atividades do seu lote para o orgânico.[25] Esta transição deverá estar descrita no plano de manejo (todas as famílias possuem este plano, incluindo croqui do lote).

---

[24] Alguns grupos apresentam dinâmicas de reuniões mensais. A legislação brasileira exige apenas duas reuniões ao ano.

[25] A legislação brasileira não cobra um prazo para esta transição.

Num lote com esta combinação de atividades (convencionais e orgânicas) a visita de pares também observa as instalações existentes. Verifica-se se no galpão existe separação dos insumos orgânicos do convencional, se os instrumentos de trabalho e equipamentos estão limpos (estes podem ser utilizados para as duas atividades desde que limpos[26]).

Ao término da visita verifica-se o diário de campo da família e nele o correto registro das medidas adotadas para as atividades dos cultivos orgânicos e dos cultivos convencionais.

No fim do processo cada família assentada recebe uma declaração de produtor orgânico, que não tem data de validade, emitido pela Coceargs. Caso ocorra algum problema com a produção da família, o escritório da certificação pode cancelar a declaração.

b) Funcionamento do Opac

Como indicado, aproveitou-se a estrutura organizativa de base dos grupos gestores para aprovar o sistema participativo de garantia (SPG). O funcionamento dos grupos e a rotina das visitas de pares são as mesmas do descrito para o OCS, inclusive são apresentadas as mesmas documentações.

O que se acrescenta no Opac são as visitas cruzadas. Cada grupo escolhe uma pessoa que irá vistoriar outro grupo em outro assentamento. O foco desta vistoria é, sobretudo, a funcionalidade do grupo, ou seja, se de fato as famílias se reúnem e se todos têm clareza da legislação. Portanto, a ênfase desta visita não é a organização do lote e de suas atividades,

---

[26] Exceto o pulverizador que é proibido a dupla utilização, tendo de existir um pulverizador específico para as atividades orgânicas.

mas, sim, a existência real do grupo e sua dinâmica de funcionamento.

As visitas cruzadas ocorrem duas vezes ao ano, com inspetores diferentes. Deste processo constitui-se uma comissão de avaliação, composta por assentados escolhidos para essas visitas, incluindo-se representantes da Cootap, das cooperativas coletivas e dos núcleos operacionais da Ates da Coptec (existentes até 2017) e a Coceargs. Esta comissão valida as visitas cruzadas e analisa os problemas verificados, podendo inclusive anular o certificado do grupo. Pelo regimento interno do sistema, ocorrem três reuniões da comissão ao ano, coincidindo com os períodos de entrada de novos grupos no Opac.

Ao final do processo a Coceargs emite o certificado para cada agricultor e para cada unidade agroindustrial: ccom validade de um ano, necessita ser renovado anualmente. Com este certificado, a família assentada pode vender sua produção como orgânica no mercado interno brasileiro, indo além da venda direta.

O sistema interno de controle da Coceargs é auditado pelo CPOrgs, com visitas anuais na sede do escritório e a campo, selecionando famílias para serem verificadas. Nestas vistorias participam as entidades que compõem a CPOrgs.

Em setembro de 2018, haviam 10 grupos de OCS, reunindo 50 famílias; 20 grupos de Opac, reunindo 108 famílias e seis agroindústrias certificadas pelo Opac. O sistema de certificação participativa da Coceargs envolvia 158 famílias, reunidas em 30 grupos na RMPA e seis agroindústrias, conforme tabelas 15, 16 e 17.

Tabela 15 – Número de grupos e famílias OCS

Município	Assentamento	Nº grupos	Nº famílias
Viamão	Filhos de Sepé	4	26
Eldorado do Sul	Belo Monte	1	4
	Apolônio de Carvalho	2	10
Nova Santa Rita			
	Itapuí	1	3
	Sino	1	4
	Capela	1	3
TOTAL		10	50

Fonte: Elaborado pelo autor com base nos dados da Coceargs, set./2018.

Tabela 16 – Número de grupos e famílias Opac

Município	Assentamento	Nº grupos	Nº famílias
Viamão	Filhos de Sepé	5	22
	Integração Gaúcha	3	14
Eldorado do Sul	São Pedro	1	3
	Lanceiros Negros	1	6
Guaíba	19 de Setembro	1	4
Nova Santa Rita	Santa Rita de Cássia II	4	34
	Itapuí	2	11
São Jerônimo	Jânio Guedes	1	6
Encruzilhada do Sul	Quinta	1	5
Charqueadas	Nova Esperança	1	3
TOTAL		20	108

Fonte: Elaborado pelo autor com base nos dados da Coceargs, set./2018.

Tabela 17 – Agroindústrias Certificadas pelo Opac

Município	Assentamento	Agroindústria
Viamão	Filhos de Sepé	Padaria
		Agroindústria Vegetal
Nova Santa Rita	Itapuí	Agroindústria Vegetal
	Sino	Padaria
Eldorado do Sul	São Pedro	Agroindústria Vegetal
Barra do Ribeira	Cootap	Indústria terceirizada de beneficiamento de arroz parboilizado

Fonte: Elaborado pelo autor com base nos dados da Coceargs, set./2018.

c) O processo de formação das famílias assentadas

Pela própria dinâmica do sistema interno de controle, sendo as visitas de pares elemento fundamental do processo de garantia da produção orgânica, compreende-se que a formação das famílias assentadas tem, neste momento, um importante espaço, sobretudo na troca de experiência e nas observações a campo entre os agricultores.

A equipe técnica da certificação Coceargs também realiza um roteiro de formação em todos os grupos, com temas variados, conforme a necessidade de cada grupo, indo desde a compreensão da legislação dos orgânicos até os próprios manejos agroecológicos.[27]

Quanto aos inspetores do sistema são realizados, pela Coceargs, treinamentos anuais com os assentados que realizam as avaliações nas unidades de produção.

d) Sobre a centralidade da certificação
participativa e sua garantia

Ainda que legalmente a certificação ocorra pela Coceargs, todo o processo é dinamizado pelos grupos gestores do arroz e das hortas/frutas, existentes nos assentamentos da RMPA.

Coordenados por uma equipe técnica específica da certificação Coceargs, que se responsabiliza pelo escritório e toda burocracia que a certificação exige, o processo tem, por base, os grupos das famílias assentadas presentes nos grupos gestores.

Todos os encaminhamentos da certificação, avisos, informes, o resultado das inspeções e da comissão de avaliação das

---

[27] Até 2017 este processo também contava com a colaboração dos núcleos operacionais da Ates, conduzidos pela Coptec. Alguns destes núcleos tiveram envolvimento ativo nestes processos de acompanhamento e formação técnica dos grupos da certificação.

visitas cruzadas ocorrem no espaço das reuniões dos grupos gestores.

Esta equipe técnica da certificação era assumida pela Cootap até 2016, visto que os grupos de agricultores estavam localizados nos assentamentos da RMPA e toda a movimentação comercial e financeira ocorria por esta cooperativa regional. A partir de 2017, a Coceargs passa a centralizar a certificação mantendo uma equipe técnica por demandas por certificação surgidas em outras regiões do Rio Grande do Sul.

A Coceargs estabeleceu uma política de financiamento deste processo de certificação. Cada família assentada, presente nos grupos, tem um custo de R$ 100,00/ano, para o primeiro ano do processo de certificação e um custo de R$ 200,00/ano para as famílias que estão no sistema há mais de um ano.[28]

O MST compreende que a garantia do sistema participativo está na presença de um sistema que viabiliza o controle social, e não pela existência de uma legislação que determine um conjunto de documentos dos agricultores e/ou comprovantes burocráticos.

Os principais elementos de garantia do sistema de certificação são as ações de entreajuda como o mutirão para colher, para aplicar o biofertilizante ou para produzir a compostagem, as relações de confiança que se estabelecem no processo.... Mesmo as visitas de pares não são encaradas como uma fiscalização, mas, sim, como uma forma de ajuda e ensinamento.

Portanto, o sistema de garantia é mais do que uma questão formal, burocrática, de procedimentos administrativos; é, sobretudo, uma efetivação de relações horizontais de confiança e entreajuda.

---

[28] Este serviço de certificação é cobrado pela Coceargs, via boleto bancário.

Construindo territórios de resistência ativa e relações emancipatórias

O tema das relações emancipatórias é pouco explorado nas reflexões sobre a nova estratégia estabelecida pelo MST, tendo estreita relação com a noção de resistência ativa.

Afirma-se aqui que a centralidade da reforma agrária popular, na estratégia do MST, indicando a produção de alimentos saudáveis como função social das famílias assentadas na contemporaneidade permite o vínculo da construção de alternativas éticas que expressam e afirmam a dimensão humano-genérica dos homens. Indica também a possibilidade de estabelecer novas formas de manifestação das capacidades humanas, expressas em forças produtivas sociais do trabalho que não podem ser incorporadas pelo capital, contribuindo para o acúmulo de forças sociais em vistas de um projeto societário novo com conteúdo fortemente emancipatório.

A NOVA QUALIDADE ÉTICO-POLÍTICO NA ORGANIZAÇÃO DOS ASSENTAMENTOS

Ao influir no complexo processo de valoração dos/as assentados/as em suas objetivações produtivas, afirmando alternativas viáveis, permitindo escolhas que remetem os indivíduos ao plano humano genérico, o MST, ao organizar a produção de alimentos saudáveis, afirma na cotidianidade destas famílias uma ética fundando uma individualidade partícipe do gênero que se reconhece como tal. A experiência do arroz ecológico da RMPA é um destes casos.

No capítulo dois a tese central está na compreensão de que os assentamentos, apesar de expressarem a luta social e os impasses políticos que dela decorrem, caracterizam-se pelas permanentes disputas no terreno político, econômico ou ideológico.

Também se afirmou ali que os assentamentos, como produto do conflito social gerado pela luta dos camponeses sem terra, converteram o espaço geográfico em um território onde emanam novas relações sociais, como o trabalho familiar e a democratização da terra. As famílias assentadas buscam estabelecer um novo governo sobre a terra conquistada. Este é entendido como a capacidade de tomar decisões coletivas que, ao longo do tempo, acabam dando direção, rumo ao desenvolvimento econômico, social e cultural das famílias. Será justamente este governo a principal disputa a envolver o conjunto das famílias nos assentamentos.

Ao dialogar sobre relações emancipatórias e relações sociais nestes territórios, cabe aprofundar a reflexão sobre uma disputa particular e especial deste governo local: a direção do modelo técnico-produtivo a ser desenvolvido nestes territórios. Ela torna-se o centro da disputa no cotidiano das famílias assentadas, implicando no rumo político e econômico do governo dos assentamentos.

Por que influir nas decisões sobre o modelo técnico-produtivo das famílias? Porque é justamente nesta dimensão singular, pessoal e familiar desta decisão que reside a construção de alternativas que podem nos aproximar do devir humano ou podem nos afastar dele, reproduzindo a desumanidade socialmente posta.

Portanto, é nesta decisão singular que a nova estratégia do MST influi, possibilitando, pela generalização destas matrizes técnico-produtivas (produção de alimentos de base ecológica), a constituição de um novo complexo valorativo, de uma nova ética nas relações sociais de produção.

Para compreensão destas afirmações requer-se adentrar no terreno da filosofia, explorando a categoria trabalho, em sua dinâmica relação entre o ato singular de trabalho e a reprodução social. Para esta interação ocorrer constituem-se mediações expressas em complexos, especialmente os complexos valorativos (Lukács, 2012).

A necessidade de produzir as condições materiais para a vida determinou aos seres humanos o desenvolvimento de uma atividade particular que lhe destacou da natureza, tornando-os uma natureza transformada, cada vez mais histórico e social.

A atividade que lhe diferenciou dos demais seres foi justamente o trabalho, que apresenta algumas características peculiares: a) esta atividade transforma a natureza em coisas úteis aos seres humanos; b) ao transformar a natureza ele também se transforma; c) são atividades mediadas por instrumentos e equipamentos de trabalho; d) é uma atividade que pressupõe teleologia (esta capacidade de projetar algo, de antecipar no pensamento a sua ação, de colocar uma finalidade e julgar sobre qual caminho percorrer para desenvolvê-la); e) esta atividade é realizada socialmente.

Por estas características, o trabalho desenvolveu alguns atributos só encontrados na espécie humana: a linguagem, a consciência, a universalidade e a liberdade (Netto e Braz, 2007; Martins, 2009, 2016). São atributos desenvolvidos pela sociabilidade humana, advindos pelo trabalho; ninguém nasce com eles, portanto, não são atributos manifestos de um instituto natural. Eles foram desenvolvidos ao longo da história humana e seguem em pleno desenvolvimento. Por isso, a reprodução social, humana, é em tudo distinta da reprodução natural, na qual opera exclusivamente uma cadeia de nexos causais.

Ainda que o ser humano não exista sem sua relação com a natureza e sem o seu aparato biológico (aparato este que lhe coloca na condição de também pertencer ao mundo natural) a historicidade social é em tudo diferente da historicidade da natureza. Isso porque a história humana se desenvolve a partir de mediações dos atos teleologicamente postos que exigem necessariamente alternativas que, a partir de complexos valorativos, faz os seres humanos optarem por determinadas atitudes, enquanto que na natureza a sua processualidade é restrita às reações puramente biológicas, químicas, físicas e genéticas (Lessa, 2012; Lukács, 2012; Netto e Braz, 2007).

O processo teleológico implica em uma finalidade e, portanto, uma consciência que põe um fim. Logo, a teleologia não existe em si mesma, mas em um processo que só ocorre no ser social em relação com sua materialidade.

O ato de trabalho, nesta articulação exclusivamente social entre teleologia e causalidade, desencadeia um processo real fundando uma nova objetividade. Assim, a objetivação

> é o momento do trabalho pelo qual a teleologia se transmuta em causalidade posta. Ela articula a idealidade da teleologia com a materialidade real sem que a teleologia e a causalidade

percam suas respectivas essências [...]. Neste sentido, no interior do trabalho, a objetivação efetiva a síntese, entre teleologia e causalidade, que funda o ser social enquanto causalidade posta. (Lessa, 2012, p. 75)

A estrutura interna do "pôr teleológico" é composta por dois momentos: a posição do fim e a busca dos meios. É claro que a finalidade pretendida pelo ato de trabalho orientará o desdobramento da objetivação. Ocorre que a busca dos meios para a realização da pretendida finalidade implica no desenvolvimento da apreensão do ser-precisamente-assim existente. Em outros termos, implica no desenvolvimento do conhecimento e da ciência. Conforme indicado por Lessa,

> A busca dos meios para tornar ato a finalidade não pode senão implicar um conhecimento objetivo do sistema causal dos objetos e daqueles processos cujo movimento é capaz de realizar o fim posto. A busca dos meios compreende o impulso imanente à captura da legalidade do em-si existente e, exatamente nessa medida e nesse sentido, é o ponto pelo qual o trabalho se conecta com a origem do pensamento científico e com o seu desenvolvimento. (Lessa, 2012, p. 87)

Esta atividade de apreensão do real, essencial para o "pôr teleológico", tem na consciência um caráter de reflexo. Um reflexo aqui entendido não como um momento passivo do real incidindo na consciência, mas ao contrário, o reflexo como uma ação ativa da consciência na apropriação do real. Logo um ato de consciência, que ocorre num processo de constante aproximação do real, reproduzindo-o na consciência de forma aproximativa.

Este ato de reflexo do real pela consciência gera uma nova objetividade: as categorias pensadas, que compõem uma realidade própria da consciência, conferindo ao mundo dos seres humanos um caráter dual: a realidade objetiva e as categorias pensadas.

Como dito, a finalidade pretendida será o agente que dirigirá a objetivação, mas tanto o conteúdo gnosiológico sobre o real, necessariamente presente na objetivação. Será justamente sobre esta finalidade que os valores e os processos valorativos atuarão, com uma distinção frente ao reflexo: se ambos (reflexos e valores) apenas podem vir a ser em constante conexão com a causalidade, os valores, diferentemente dos reflexos, podem converter-se em relações sociais objetivas, pois determinam a escolha frente às inúmeras possibilidades postas pelo desenvolvimento da sociabilidade. Os valores têm como gênese as práxis-humano-social e não as qualidades materiais dos objetos (Lessa, 2012).

Desta forma, o agir teleológico é determinado a partir de um futuro posto (projetado), sendo um agir guiado pelo dever--ser do fim. Este dever-ser se eleva a momento predominante na escolha da alternativa. De acordo com Lessa,

> a articulação ontológica que conecta a totalidade da práxis social aos valores é a categoria da alternativa. É ela que [...] funda a necessidade da distinção entre útil e inútil para uma dada objetivação. E tal distinção é o fundamento último da gênese e do desenvolvimento dos valores. (Lessa, 2012, p. 113)

Os valores são uma dimensão puramente social (nem são exclusivamente subjetivos, nem decorrência direta da materialidade dos objetos), essenciais na existência da nova objetividade que constituem o mundo dos seres humanos.

Assim, os valores e os processos valorativos são qualidades objetivas potencialmente presentes no ser-precisamente-assim existente que se atualiza no interior da relação teleologia-causalidade. Cabe salientar que o desenvolvimento histórico-humano resultou no desenvolvimento de valores crescentemente universais e crescentemente mediados, constituindo complexos sociais como os costumes, o direito, a moral, a estética e a ética (Lessa, 2012); ainda que tenham o trabalho como fundamento do seu surgimento, será no complexo processo da reprodução social, em cada momento histórico, que estes valores irão se desenvolver. Em outras palavras, o processo de objetivação é o fundamento da constituição dos valores em seu caráter inelimínavel de alternativa, mas será o momento histórico-concreto o definidor do seu conteúdo.

Ocorre que a ação dos valores se efetiva na medida em que eles são incorporados às posições teleológicas que participam dos processos de objetivação, dando-lhe assim concretude real. Logo, a função social dos valores é justamente interferir no processo de escolha entre as alternativas postas para a constituição de um "pôr teleológico".

Isto posto, cabe examinar um outro aspecto do ato de trabalho, essencial na constituição da individualidade e, com ela, da sociabilidade: a exteriorização do ente objetivado.

Toda objetivação gera alguma transformação do real, dando origem a um objeto, a um ente distinto do seu criador. O objeto posto exibe uma relativa autonomia frente ao seu criador e será esta relativa autonomia o fundamento das diversificadas ações de retorno deste objeto sobre o sujeito criador. Esta ação de retorno do ente objetivado sobre o seu criador será denominado por Lukács (2012) de exteriorização, sendo ela o impulso a individuação/individualidades. O desenvolvimento de distintas individualidades remete ao processo de escolhas praticadas pelos seres humanos ao longo de suas vidas. Lessa, esclarece que,

> [...] a substância concreta que distingue uma individualidade das demais, bem como da totalidade social, é dada pela qualidade, pela direção etc. da cadeia de decisões alternativas que [o indivíduo] adota ao longo de sua vida. (Lessa, 2012, p. 130)

Será envolto a esta cadeia de decisões que

> [...] a opção por valores genéricos pode elevar a substancialidade de cada individualidade à generalidade humana. Ou ao contrário, a opção pelos valores meramente particulares pode rebaixar o conteúdo de sua existência à mesquinhez do universo burguês que se contrapõe/sobrepõe a humanidade. (Lessa, 2012, p. 132)

Em cada ato de trabalho, singular, estará posta uma tensão expressa pela contraditoriedade entre os elementos genérico-universais e os particulares, forçando os indivíduos a tomarem consciência da relação contraditória que permeia a relação indivíduo-sociedade (Lessa, 2012).

Estas contradições atingirão um patamar histórico inédito com o desenvolvimento da ordem burguesa e com sua forma típica, histórica, de sociabilidade. Conforme indicado por Lessa,

> Por um lado, os interesses privados/particulares do '*bourgeois*' são tomados como os interesses reais dos indivíduos; por outro, os interesses genéricos, reduzidos à esfera etérea do '*citoyen*', da 'cidadania', na maior parte das vezes assumem a aparência de obstáculos ao desenvolvimento do indivíduo mônada do proprietário privado burguês. [...] No dia a dia, o indivíduo é forçado, com intensidade inédita comparada à das formações sociais anteriores, a tomar consciência dessa contraditoriedade e a fazer opções por um ou outro polo. (Lessa, 2012, p. 144)

Esta forma de produzir as condições materiais para a vida em seu dia a dia permitiu aos seres humanos construir não só as suas individualidades processando as consequências de suas ações, como contribuiu para a reprodução da sociedade a qual pertence. Logo, a exteriorização impulsiona a individuação/individualidades e por meio dela impulsiona também a sociabilidade.

Lukács (2012) alerta para o fato de esta ação de retorno do objetivado sobre o sujeito poder criar obstáculos à explicitação dos aspectos humano-genéricos. Ele denominou este processo de alienação, sendo ela uma ação sobre o agente criador que em vez de impulsionar o devir-humano dos seres humanos, próprio dos processos de exteriorização, se consubstancie em obstáculos ao avanço do processo de sociabilização, reproduzindo a desumanidade existente.

Pode-se concluir assim que a objetivação, exteriorização e alienação são momentos determinantes tanto do desenvolvimento das individualidades como da reprodução da totalidade social, portanto, conectam o trabalho ao complexo processo de reprodução social (Lessa, 2012; Lukács, 2012).

Esta categoria da reprodução social deve ser compreendida como aquele momento sintético em que o conjunto de atos singulares de trabalho se elevam a totalidade social sem eliminar a insuperável contraditoriedade entre os elementos genéricos e particulares ou universais e singulares. Com base nesta contraditoriedade é que surgem mediações sociais (complexos sociais) que podem contribuir com o avanço do devir humano ou rebaixar a existência humana a interesses meramente particulares que, em sociedades de classes, expressam unicamente os interesses da classe dominante.

Apesar desta possibilidade da prevalência de interesses particulares frente aos universais, o trabalho humano pelo seu peculiar processo de pulsão ao devir humano, possibilitou que o seu desenvolvimento gerasse uma polaridade: "[...] de um lado, uma totalidade crescentemente complexa; por outro, indivíduos com personalidades cada vez mais desenvolvidas" (Lessa, 2012, p. 146).

Pela categoria da reprodução social, pode-se captar e compreender como os resultados dos trabalhos singulares vão se generalizando pelos fluxos da práxis social, tornando-se realmente um trabalho social. Este impulso à generalização, próprio do trabalho, é o responsável pela elevação do ser humano a patamares superiores de sociabilidade.

Neste processo de elevação da humanidade ao gênero humano, a ética joga um papel decisivo. Ela será a expressão da superação da contraditoriedade na relação indivíduo-sociedade. A ética

> [...] seria a mediação social específica à esfera valorativa que permitirá a superação da forma burguesa de individualidade, que se entende meramente particular, elevando-a a generalidade humana, fundando a individualidade conscientemente partícipe de um gênero que se reconhece como tal. (Lessa, 2012, p. 145)[1]

Em meio a uma sociabilidade em que se intensifica o conflito entre os elementos genéricos e os particulares, próprios da ordem burguesa,

> [...] surge a necessidade de mediações sociais que explicitam tão nitidamente quanto possível as exigências genéricas que vão gradativamente se desenvolvendo. Para que as necessidades genéricas se tornem operantes na cotidianidade é preciso identificá-las, plasmá-las em formas sociais que sejam visíveis nas mais diferentes situações. (Lessa, 2012, p. 151)

A ética, sendo um complexo valorativo, tem como função social atuar na contraditoriedade (tensão) entre o gênero-humano e o particular/singular, de modo a tornar reconhecível pelos seres humanos, sempre em escala social, a forma e o conteúdo, em cada momento histórico que assume tal contradição.

A ética, ao agir na esfera da valoração das alternativas possíveis, permite os seres humanos optarem, de modo cada vez mais conscientes, entre valores que expressam as necessidades

---

[1] Observa-se que em Lukács, "[...] esta nova síntese representada pelo ser-para-si do gênero não significa a eliminação da esfera da particularidade. A rigor, para ele, a eliminação da particularidade das individualidades é uma impossibilidade ontológica" (Lessa, 2012, p. 145)

humano-genéricas e valores que exprimem interesses apenas particulares de indivíduos ou grupos sociais.

Contraposto à possibilidade de atuação da ética está outro fenômeno social que opera objetivamente no processo de individuação/individualidade. Trata-se da alienação. O trabalho com sua inerente pulsão para além de si próprio,

> [...] recebe das alienações interferências decisivas para a reprodução social e, por consequência, para o desenvolvimento das formas historicamente concretas sob as quais se apresentará o trabalho. É esta interferência o momento pelo qual o próprio desenvolvimento da generalidade humana termina por dar origem a relações sociais que consubstanciam obstáculos ao seu próprio desenvolvimento. (Lessa, 2012, p. 154)

A superação social da alienação, conforme indicado por Lessa (2012, p. 153), "[...] pode se realizar apenas no interior dos atos de vida dos homens singulares em sua cotidianidade. O que não se opõe, todavia, ao caráter primário da sociabilidade [...]".

Com isto posto, fica clara a necessidade de plasmar formas sociais visíveis, materiais, que expressem as necessidades genéricas sobretudo na esfera econômica, pois como sugere Lessa,

> [...] na esfera econômica a causalidade do ser-precisamente-assim existente se faz sentir com maior força o que impõe ao sujeito um horizonte mais estreito de alternativas e possibilita uma maior 'univocidade' entre as decisões dos indivíduos singulares. (Lessa, 2012, p. 147)

O MST, ao indicar em sua estratégia a produção de alimentos saudáveis como centralidade política, influi decididamente nas escolhas cotidianas das famílias assentadas, tornando explícita a contradição entre o modelo dominante do agronegócio e a produção de alimentos de base ecológica, contribuindo para o desenvolvimento de escolhas/alternativas de caminhos produtivos que lhes aproximam do devir humano.

A experiência do arroz ecológico nos assentamentos da RMPA é um indicador destas possibilidades emancipatórias.

A base de gestão desta experiência assenta-se na cooperação, na entreajuda. Constituiu-se um complexo cooperativo com grupos de produção informais, associações, cooperativas singulares e cooperativa regional. Todas as famílias que produzem planejam e decidem sobre a produção e sobre o seu destino. Como indicado por Souza, a autonomia como capacidade de autogerir-se e/ou autogovernar-se, se confirma: "[...] cada um dos participantes, por conseguinte está submetido a um poder, o poder que emana legitimamente da coletividade" (Souza, 2009, p. 69)

O grupo gestor do arroz ecológico é este sujeito representativo dos grupos de base que orienta o imenso esforço popular de coordenação do complexo cooperado, democrático, de base ecológica, econômico-produtivo e comercial das famílias assentadas.

Sendo o território, conforme sugere Souza (2009), relações sociais projetadas no espaço concreto, delimitado pela relação de poder que nele se estabelece e instrumento do exercício do poder, pode-se identificar claramente os assentamentos da RMPA como um território sob a gestão das famílias sem-terra, numa relação simétrica de poder. Territórios dissidentes, como espaço de resistência político, cultural e econômica, com um autogoverno, expressão do poder popular camponês.

Evidenciar, plasmar valores em cada período histórico, como indicado por Lukács (2012) e por Lessa (2012), contribuem para atitudes, comportamentos, escolhas, que aproximam os seres humanos do devir dos homens, combatendo na cotidianidade das famílias assentadas as alienações impostas pelo modelo de agricultura do capital financeiro, compreendido como agronegócio.

Afirmação das capacidades humanas como expressões das forças produtivas do trabalho social

O MST, ao materializar a nova estratégia da reforma agrária popular indicando a produção de alimentos saudáveis, estabelece sua matriz produtiva e indica, também, que sua matriz tecnológica é a agroecologia.

Neste momento do estudo, em que se busca discutir o caráter emancipatório da experiência da produção do arroz ecológico, precisamos refletir sobre as razões de se questionar o desenvolvimento das forças produtivas do capitalismo. Para diferentes setores da sociedade brasileira o agronegócio é o ponto de partida para o desenvolvimento do campo; e, em particular, para alguns setores da esquerda brasileira o agronegócio seria o ponto de partida para a construção de uma sociedade socialista.

O grande engano está em aceitar a problemática da ciência e da técnica no capitalismo como algo neutro, como assumido no caso da posição conservadora; ou aceitar, no caso da posição de esquerda, apenas o seu uso, bastando para a sociedade socialista modificar a finalidade desta ciência. Portanto, bastaria mudar as relações sociais de produção para libertar as forças produtivas, supostamente travadas por estas relações. De acordo com Romero,

> Não é possível pensar que o problema principal se concentra em entender que as relações de produção é que impõem amarras das forças produtivas, neutra perante qualquer formação social, e que bastaria dissolver estas relações de produção limitadoras para termos em mãos as potencialidades emancipatórias da técnica e da ciência. (Romero, 2005, p. 206)

Esta suposta neutralidade das forças produtivas remete ao raciocínio em que se igualam as capacidades humanas às forças produtivas. Se até antes do período histórico do modo de produção capitalista era possível compreender as forças produtivas sociais como expressões das capacidades humanas e, com elas, a base para os seres humanos fazerem sua história gerando condições de maior liberdade, no capitalismo isso se separa, não havendo mais correspondência. No capitalismo as forças produtivas seguem seu amplo desenvolvimento, mas o desenvolvimento das capacidades humanas fica bloqueado (Martins, 2009). Ainda conforme Romero,

> antes do modo de produção capitalista, a tecnologia era um meio de produção de valores de uso. Na forma subordinada ao capital, torna-se um meio de produção de mais-valia, derivada do processo de valorização do valor. (Romero, 2005, p. 197)

No capitalismo, as forças produtivas tornam-se forças de dominação e de destruição, não mais expressando as capacidades humanas de fazer a história, mas tornam-se expressões da propriedade privada, agora metamorfoseada em capital (Martins, 2009). De acordo com Foster e Brett,

> A pressão para expandir a reprodução do sistema capitalista só pode ser garantida por meio de várias modalidades de destruição. No processo de realização atual, consumo e destruição são equivalentes funcionais, na medida em que as forças destrutivas e do desperdício, como o exemplo do complexo militar-industrial, irrompe na dianteira do sistema para sustentá-lo. (Foster e Brett, 2010, p. 25)

Para melhor compreender as razões deste afastamento das forças produtivas como expressões das capacidades humanas, apresentamos dois aspectos desta contradição: a subsunção do trabalho ao capital e a instrumentalização da razão humana.

a) A subsunção do trabalho ao capital

Somente na ordem burguesa a ciência se separa do complexo social do trabalho tornando-se um complexo à parte, permitindo um amplo desenvolvimento dos conhecimentos científicos

(Lukács, 2012). Isso ocorre por uma determinação intrínseca do próprio movimento do capital: o capitalismo é um modo de produção em que é necessário, para seu pleno desenvolvimento, o constante revolucionar dos meios de produção. Nos modos de produção anteriores a produção estava assentada na tradição, na ausência de inovações. Já no capitalismo a revolução contínua das forças produtivas levou ao seu desenvolvimento exponencial, permitindo a humanidade a atingir a abundância, superando a carência.[2]

Este desenvolvimento exponencial das forças produtivas ocorre somente no capitalismo, porque ele também inaugura na história humana uma nova forma de exploração. Agora temos um modo específico de exploração extraindo mais-valia sem o uso da violência: inicialmente a mais-valia absoluta e, posteriormente, a mais-valia relativa (Marx, 2002).

A organização do trabalho transitará da cooperação simples para a manufatura, chegando na grande indústria. Este desdobramento histórico da organização do trabalho implicou na subsunção do trabalho ao capital, ou melhor, a subsunção do processo de trabalho ao processo de valorização do capital (Romero, 2005).

Esta nova forma de exploração (extração de mais valia) representou "[...] a emergência de novas relações de hegemonia

---

[2] Do ponto de vista social, a abundância é um dos elementos progressistas da ordem burguesa. No entanto, a abundância de produção, numa sociedade onde a distribuição é regulada pelo mercado, gera crises sucessivas conhecidas teoricamente como "crises de superprodução". Ao mesmo tempo, um dos aspectos regressivos da ordem burguesa refere-se à nova pobreza instituída pelo capitalismo, marcada por uma polarização: quanto mais se desenvolve o capital e acumula riqueza num dos polos, com a mesma intensidade teremos a geração de pobreza no outro polo. Agora, sob a ordem burguesa, a pobreza torna-se um fenômeno político, relativo ao controle e distribuição do que é produzido.

e subordinação, caracterizada pela substituição das relações pessoais de dominação por relações mercantis de dominação [...]" (Romero, 2005, p. 75).

Isso ocorre porque as relações de produção capitalistas generalizam a lei do valor para todos os produtos do trabalho humano em que o valor de uso cede lugar ao valor de troca; e esta lógica do valor se impõe aos próprios agentes produtivos, convertendo-se também em mercadoria. Estes fenômenos sociais são a base histórica do surgimento da subsunção e ela se desdobra em seu desenvolvimento histórico em subsunção formal e subsunção real.

A subsunção formal se inicia com o processo de expropriação dos meios de produção dos trabalhadores. Já na cooperação simples, na medida em que o capital reúne o trabalhador isolado, tornando-o social, inaugura o uso da força de trabalho como trabalho assalariado. Inicia-se a extração da mais-valia absoluta.

Este primeiro passo da socialização do trabalho já é realizado sob a batuta do capital. Principia-se aqui a marcha histórica da conversão das forças produtivas do trabalho social em forças produtivas do capital.

Portanto, a subsunção formal implica: a) a expropriação dos meios de produção dos trabalhadores, impedindo-os de livremente obter as condições objetivas/materiais para exercer seu trabalho; b) o valor de uso cede lugar ao valor de troca não sendo mais a medida do que e quanto produzir, sendo a valorização o único objetivo que organiza o trabalho e o define enquanto social; c) o processo de trabalho passa a ser o instrumento do processo de valorização do capital (Romero, 2005).

Com o advento da manufatura, se introduz o parcelamento das atividades do processo de trabalho, implicando na especialização e diversificação das ferramentas. As ferramentas ainda permaneciam nas mãos dos trabalhadores e, por isso, o ritmo e a intensidade do trabalho eram ditados pelos trabalhadores. Com a manufatura, o capitalismo, cria o trabalhador coletivo sendo ela o método de extração de mais-valia relativa. De acordo com Romero, o trabalhador coletivo é compreendido enquanto:

> a) um trabalhador parcial, unilateral ligado a uma atividade simples e repetitiva; b) especialização das ferramentas (ainda não há uma revolução na base material); c) abre-se para os trabalhadores não qualificados (trabalhadores não provenientes dos antigos ofícios). (Romero, 2005, p. 96)

Com o trabalhador coletivo, abre-se o terreno para a introdução da divisão entre concepção e execução, incorporando o trabalho intelectual ao processo produtivo. Além do operário, o gerente, o engenheiro e o técnico também fazem parte deste trabalhador coletivo. Assim torna-se produtivo não só o trabalho manual, mas todo e qualquer trabalho que participa do processo de valorização do capital. Conforme sugere Romero,

> na manufatura, pela primeira vez, o capital concentra potência intelectual na produção; elas se tornam exteriores ao trabalho e representadas no capital, ou melhor, numa força produtiva capitalista: o trabalhador coletivo. (Romero, 2005, p. 103)

Nesta fase da manufatura o aumento da extração da mais-valia relativa implicava ampliar o capital constante (máquinas e equipamentos) e, também, a parte de capital variável (força de trabalho). Isto levou ao esgotamento desta forma de organização do trabalho, chegando-se assim à grande indústria ou a "máquinafatura"; com a qual inicia-se a subsunção real do trabalho ao capital.

O que caracterizou este novo momento foi a autonomização dos instrumentos de trabalho frente ao trabalhador e a perda do trabalho como autoatividade no processo de produção. Isto ocorre pois,

> A maquinaria reúne essas ferramentas parciais e coloca o trabalhador como mediação entre a máquina e o objeto modificado. Em vez de o trabalhador ser o responsável por dar atividade ao processo de trabalho, agora a máquina é que se torna elemento ativo, que dá vida e anima o processo de trabalho. [...] A combinação de diversos trabalhos já não se dá mais por um princípio subjetivo, em que se dependia da habilidade do trabalhador, mas passa a ser regida por um princípio objetivado dado pela combinação entre as máquinas de acordo com um sistema automático. (Romero, 2005, p. 131-132)

Se na manufatura o capitalismo revoluciona o processo de trabalho quando cria o trabalhador coletivo incidindo sobre a força de trabalho, na maquinaria revoluciona-se os meios de trabalho, surgindo a "máquina-ferramenta", não incidindo na força de trabalho. Com a maquinaria veremos a desqualificação do trabalhador,[3] sendo ele deslocado para as atividades auxiliares do processo produtivo. A transformação dos instrumentos de trabalho em máquina, implicou na mudança da forma do conhecimento aplicado ao processo de produção. Agora, a ciência converte-se em força produtiva.

> O saber produtivo não se baseia mais na experiência do trabalhador, está fora dele. A produção se baseia cada vez mais na ciência aplicada à produção [...] agora atua no processo de trabalho justamente como instrumento de trabalho, conduzido por um conhecimento que não é formulado por ele, mas é inscrito em normas técnicas. (Romero, 2005, p. 176)

---

[3] A desqualificação do trabalhador não é só porque ele se torna um "auxiliar" da máquina, tornando-se um trabalhador desqualificado que reage, aos sinais, ao comando da máquina. Mas porque com máquinas cada vez mais qualificadas, torna o trabalhador quase sem valor de uso para o capital. Ele também é desqualificado porque com a extração da mais-valia relativa reduz-se o preço da sua força de trabalho (salário), na medida em que a produção em grande escala dos produtos de sua cesta de consumo tende a diminuir os seus preços ao longo do tempo.

Conforme indicado por Romero,

> [...] expropriação pelo capital das potências intelectuais do trabalho e materialização de um novo tipo de saber sob a forma de tecnologia, tornando a ciência um conhecimento externo dos agentes produtivos, uma força produtiva introduzida no processo de trabalho através de sua materialização em máquina. (Romero, 2005, p. 190)

Somente agora o capital apropria-se materialmente do processo de trabalho, na medida em que revoluciona os meios de trabalho, criando suas próprias forças produtivas, tendo por base a divisão entre concepção e execução. Agora a produtividade "[...] se dá por elementos que não estão concentrados no próprio trabalho, mas no capital (constante). Esse aumento aparece como produtividade do capital [...]" (Romero, 2005, p. 172).

Vemos uma completa inversão formal da realidade na qual o fetichismo se materializa no próprio processo de produção: o trabalho morto (capital constante) domina o trabalho vivo (capital variável) e na aparência do processo produtivo é este trabalho morto o gerador da produtividade do trabalho (o trabalho vivo perde o caráter de autoatividade). Em outras palavras,

> [...] a reificação das relações de produção adquire um caráter objetivo já no processo de trabalho. [...] temos aqui um domínio do trabalho morto sobre o trabalho vivo. (Romero, 2005, p. 175)

Com a grande indústria a subsunção real se efetiva e com ela: a) o capital se apropria em definitivo do processo de produção; b) o capitalismo cria suas próprias forças produtivas, dando um caráter científico ao processo de produção; c) ampliação e consolidação da extração da mais-valia relativa como forma típica de exploração deste sistema social (Romero, 2005).

Esta retrospectiva histórica era necessária para situar os termos do debate sobre ciência e tecnologia, insistindo na tese de que não é possível estabelecer uma teoria geral da tecnologia, desvinculando-a das condições históricas que lhes criaram, acrescida de um outro aspecto fundamental: no capitalismo a ciência e a tecnologia foram desenvolvidas para a extração da mais-valia relativa, privando o trabalhador do controle sobre o processo de trabalho e se impondo como uma forma de dominação. Romero nos ajuda a compreender

> No capitalismo a técnica não é apenas um instrumento do processo de trabalho como ocorria nas formações sociais pré-capitalistas, mas um instrumento do processo de valorização, implicando e determinando uma relação específica de domínio e de exploração do trabalhador [...] que decorre das próprias condições econômicas e do emprego dos meios de produção. (Romero, 2005, p. 124)

Ainda conforme Romero,

> No modo de produção capitalista, o desenvolvimento técnico tem uma natureza diversa da que assumirá nas formas sociais anteriores, porque é o único modo de produção em que o desenvolvimento das forças produtivas constitui uma forma de dominação dos agentes produtivos [...]. (Romero, 2005, p. 127)

Com isso podemos antecipar uma primeira conclusão: a superação da condição de subsunção requererá uma ruptura com todo o sistema do capital, inclusive com suas forças produtivas. Sem esta ruptura corre-se o risco de manter-se relações alienadas ao conjunto dos trabalhadores, mantendo-os subordinados a um determinado conhecimento técnico e especializado. A construção de um novo sistema social "[...] não poderia deixar de ser acompanhada de uma nova forma de concepção da técnica e da ciência" (Romero, 2005, p. 208).

b) A instrumentalização da razão humana

A base do projeto da modernidade está ancorada em três aspectos essenciais que os seres humanos não devem abrir mão: o humanismo, que compreende os seres humanos como produto da sua própria atividade histórica e coletiva; o historicismo, compreendendo que esta autoprodução humana é um processo submetido às leis objetivas e dialéticas ao longo da história; e a razão dialética em seu duplo aspecto: de uma racionalidade objetiva (legalidades) imanente ao desenvolvimento da realidade e aquele das categorias capazes de apreender subjetivamente essa racionalidade objetiva.

Como indicado anteriormente, o capitalismo para desenvolver esta forma específica de exploração desenvolveu continuamente as forças produtivas, sendo, portanto, um modo de produção extremamente racional, enquanto unidade de produção. Ocorre que na segunda metade do século XIX, o projeto da modernidade, defendido pela burguesia em sua revolução política de 1789, expresso nas palavras de ordem da "igualdade, liberdade, fraternidade", deveria ser modificado, pois o mundo burguês não era em nada parecido com as suas promessas. A nova classe surgida neste processo de industrialização, o proletariado, passa a assumir este projeto como seu, tratando de defender estas palavras de ordem, amadurecendo a moderna luta de classes. O ponto de inflexão desta luta será a revolução de 1848 na Europa, quando o proletariado, organizado enquanto classe para si, se coloca pela primeira vez na história em oposição aos burgueses.

Neste sentido era necessário para a burguesia, abandonar o projeto da modernidade e, com ele, desqualificar a razão humana que lhe fundamentava. Mas como abandonar a razão, a racionalidade, se a base do seu desenvolvimento produtivo estava lastreada nesta racionalidade?

A resposta burguesa a esta questão foi justamente expurgar da razão humana o seu conteúdo emancipador, reduzindo-a aos componentes parciais, necessários para o pleno desenvolvimento científico, instrumentalizando-a.

A desqualificação da razão humana passava assim pela deseconomização da análise social, surgindo uma nova ciência, a Economia, focando apenas o circuito mercantil, eliminando a análise da exploração.[4] Era necessário desistoricizar a análise social. Agora, uma coisa era a sociedade e, outra, a história. Surgem as ciências da História e da Sociologia como ciências particulares, cada qual com o seu método, pulverizando o objeto social.

Esta pulverização do objeto social foi a base para o positivismo e com ele o processo de construção do conhecimento reduziu-se a simples epistemologia, na qual cada ciência em particular passou a desenvolver sua metodologia de pesquisa, numa análise formal dos limites do conhecimento.

Este desdobramento do conhecimento foi necessário para desqualificar a razão humana, reduzindo a sua capacidade de interpretar a realidade em sua totalidade, na tentativa de eliminar a capacidade de apreensão pela razão das legalidades existentes e operantes no mundo social e no mundo natural, impedindo uma visão ontológica do mundo.

Este movimento operado pela burguesia implicou em desenvolver uma razão instrumentalizada, em que a dimensão manipulatória passou a prevalecer à dimensão emancipadora,

---

[4] Mesmo as teorias liberais de Adam Smith e David Ricardo foram engavetadas. O primeiro desenvolveu a teoria do trabalho como fundamento de toda a riqueza; o segundo desenvolveu a teoria do valor trabalho. Estes pensadores liberais foram úteis à explicação do mundo quando a burguesia requeria fazer sua revolução contra a nobreza e a aristocracia parasitária. Agora, quando a luta de classes se volta contra si, era necessário acentuar uma teoria conservadora, um liberalismo conservador.

que apreende a realidade em sua totalidade. De acordo com Coutinho (2010, p. 51),

> a razão deixa de ser a imagem da legalidade objetiva da totalidade real, passando a confundir-se com as regras formais que manipulam 'dados' arbitrariamente extraídos daquela totalidade objetiva.

Agora a práxis social deixa de ser uma práxis apropriadora do real movimento da realidade em sua totalidade e se transforma numa práxis manipulatória dos objetos, isolando-os, tornando-os um dado sobre o qual operam normas, regras que orientam a composição do objeto fragmentado. A práxis manipulatória é empobrecedora na medida em que reduz a realidade a um objeto manipulável.[5] Conforme sugere Coutinho,

> a práxis aparece agora como uma mera atividade técnica de manipulação; a objetividade se fragmenta numa coleção de 'dados' a serem homogeneizados; e, finalmente, a razão reduz-se a um conjunto de regras formais subjetivas, desligadas do conteúdo objetivo daquilo a que aplicam. Esta 'miséria da razão' transforma em algo irracional todos os momentos significativos da vida humana. (Coutinho, 2010, p. 43)

O problema desta práxis é quando ela se torna dominante na história humana, fato que só ocorreu com o capitalismo, como desdobramento da luta de classes. Assim, o epistemologismo concentrou-se na descrição formal dos processos, no qual dividiu o real em certo número de dados, ou elementos finitos, posteriormente combinados segundo regras formais.

---

[5] Para Coutinho, o irracionalismo e o estruturalismo são correntes que "[...] rompem com as categorias do humanismo, do historicismo e da dialética: ambas são encarnações de um pensamento imediatista, incapaz de atingir a essência do objeto. Irracionalistas e agnósticos negam explicitamente que a totalidade do real possa ser objeto de uma apreensão racional" (Coutinho, 2010, p. 44).

Com este tipo de práxis (manipulatória) ao intelecto interessa somente a eficácia, sendo ela o seu único critério. Fica evidente como o capital criva a ciência, onde a lógica passa a ser a eficiência; em outros termos, a lógica passa a ser a capacidade destas tecnologias e técnicas em valorizar o capital. O desdobramento da luta de classes levou a burguesia a modificar o conteúdo do humanismo, do historicismo e da razão dialética:

> em lugar do humanismo, surge ou o individualismo exacerbado que nega a sociabilidade do homem ou afirmação de que o homem é uma coisa, ambas as posições levando a uma negação do momento criador da práxis humana; em lugar do historicismo, surge uma pseudo-historicidade subjetivista e abstrata, ou uma apologia da positividade, ambas transformando a história real em algo superficial ou irracional; em lugar da razão dialética, vemos o nascimento de um irracionalismo fundado na intuição arbitrária ou um profundo agnosticismo decorrente da limitação da racionalidade às formas puramente intelectivas. (Coutinho, 2010, p. 30-31)

Os elementos até aqui aportados sobre a subsunção do trabalho ao capital e sobre a desqualificação da razão humana permitem indicar que as forças produtivas são historicamente determinadas, marcadas pelas relações sociais de produção.

No capitalismo as forças produtivas ganham um novo dimensionamento, muito distinto dos modos de produção anteriores, elas sofrem uma formatação ajustada à extração de mais-valia relativa, desqualificando, dominando e alienando os trabalhadores. Isto implica para os movimentos sociais do campo comprometidos com as transformações sociais, que no mínimo, as atuais forças produtivas na agricultura deverão ser questionadas e revistas.

A ciência necessária será desenvolvida pelos trabalhadores(as) e camponeses(as), para a sua emancipação, expresso numa práxis coletiva, em que muitos conhecimentos atuais serão abandonados e muitos conhecimentos passados serão atualizados, dando assim um novo sentido às capacidades humanas e ao seu emprego.

O conteúdo emancipatório destes conhecimentos será gerado para além da ordem social vigente e isso só será desenvolvido em espaços sociais populares, em meio à luta pela emancipação da humanidade. Portanto, os novos conhecimentos, só serão produzidos contra esta forma social capitalista.

A experiência do arroz ecológico, articulado por um complexo de cooperação, lastreado por uma gestão democrática, geradora de diversos conhecimentos técnico-científicos, é a expressão de que mesmo submetido a uma sociedade capitalista pode-se gerar forças produtivas autênticas que expressem as capacidades humanas, acumulando forças para um novo projeto societário.

O itinerário técnico das lavouras de arroz, produzido pelo grupo gestor, é um dos exemplos de que o conhecimento pode ser gerado pelos camponeses, estando sob seu domínio e controle e a serviço da coletividade assentada. Este itinerário é a materialização do saber coletivo sob a forma de tecnologia, tornando-se ciência em meio aos processos participativos, democrático e popular, tornando-se, portanto, expressão da resistência camponesa.

O MST se conecta ao futuro da humanidade ao estabelecer como orientação política geral a reforma agrária popular e, com ela, a afirmação da produção de alimentos saudáveis, de base agroecológica.

A RESISTÊNCIA ATIVA MATERIALIZADA EM UM CONGLOMERADO DEMOCRÁTICO, POPULAR DE COOPERAÇÃO E DE BASE ECOLÓGICA

O grupo gestor do arroz, coletivamente, constrói ações concretas de produção de alimentos agroecológicos vinculadas às necessidades da população brasileira, recolocando a dimensão da função social das terras libertas do latifúndio.

A produção de alimentos para a população brasileira indica outro modelo de produção, de base agroecológica, que aponta outro modelo tecnológico. Os dois aspectos, para muitas famílias assentadas na RMPA, já se tornaram práticas efetivas e, coletivamente, no dia a dia, afirmam-se como parte do gênero humano.

Este modelo de produção (alimentos saudáveis) e este modelo tecnológico (agroecologia), com uma gestão democrática, cooperada, popular e dirigida por uma organização política (MST) nega o agronegócio, mas, sobretudo, afirma caminhos para a edificação de um projeto societário emancipador ao plasmar materialmente caminhos sociotécnico-produtivos distintos da agricultura capitalista.

O agronegócio não pode realizar estas características da experiência do arroz ecológico da RMPA sem se negar. Este modelo produtivo é centrado na produção de *commodities* em escala, que só se viabiliza pela monocultura, com relações sociais de assalariamento, determinando um modelo tecnológico demandador de capital, poupador de mão de obra e destruidor da biodiversidade. A sua matriz tecnológica é centrada na mecanização pesada, no intenso uso de insumos químicos-sintéticos e na aplicação de sementes altamente produtivas, como os híbridos e, sobretudo, as sementes transgênicas. As relações sociais de produção e as relações técnicas implícitas no agronegócio são incompatíveis com as relações estabelecidas na produção do arroz ecológico nos assentamentos da RMPA.

Aqui se expressa a natureza e o conteúdo do que se denominou resistência ativa. Desenvolve-se no cotidiano produtivo de centenas de famílias uma relação social e técnica que não pode ser absorvida pelos agentes produtivos do agronegócio; não pode ser absorvido pelo capital no campo.

Ao enfrentar objetivamente o modelo de produção e o modelo tecnológico, com uma gestão democrática, cooperada, de base popular, gerando conhecimentos técnico-produtivos com ênfase na agroecologia, dirigida por uma organização política, as famílias assentadas da RMPA constroem alternativas de resistência político-organizativa, econômica e social.

Desta forma influem no conjunto das famílias assentadas e nas organizações sindicais e populares com as quais se relacionam, demonstrando a viabilidade da reforma agrária e da constituição de novas relações sociais de produção que superam os marcos da exploração econômica, da dominação política e do controle ideológico.

Ao criar as condições políticas e materiais para que no ato de trabalho singular de cada família assentada, em seu processo de objetivação, a alternativa da produção de alimentos de base agroecológica, com trabalho familiar cooperado, com gestão democrática, seja uma possibilidade real, afirmam-se valores de resistência, de contraposição ao agronegócio, indicando que estas famílias estão cumprindo com sua função social delegada pela sociedade.

Na medida em que estas escolhas se dirigem para aquilo que nos aproxima do que o gênero humano tem de melhor, afastam-se as escolhas por valores mesquinhos, egoístas, concorrenciais, individualistas, tão próprios da sociedade capitalista, em que as necessidades do ser burguês se sobrepõe às necessidades do devir humano. A contradição vivida no campo brasileiro entre o agronegócio e a produção camponesa, que cumpre com sua função social, torna-se consciente a cada família assentada. A produção ecológica do arroz nos assentamentos da RMPA é uma destas expressões de que o MST, como sujeito coletivo e parte consciente do campesinato brasileiro, tem vigor e futuro, pois traz consigo um projeto político que afirma cotidianamente no ato de trabalho de cada família assentada a perspectiva da emancipação humana e a afirmação de uma nova ética, seja na relação com a natureza, seja na relação entre os seres humanos em sociedade.

Outro aspecto da resistência ativa a ser extraído desta experiência é que ela funciona com base num conglomerado de cooperação, atuando em todos os momentos da cadeia produtiva do arroz, tendo um caráter popular, democrático, constituído por um processo produtivo de base ecológica, orientado por uma estratégia política, a reforma agrária popular.

Este conglomerado é a expressão das forças produtivas autênticas, que o trabalho social orientado por uma organização política, desenvolveu; é a síntese que vincula a nova qualidade ético-político em meio a uma práxis coletiva que expressa verdadeiramente as capacidades dos seres humanos. As forças produtivas geradas neste conglomerado podem ser um dos pontos de partida de um novo sistema social no campo brasileiro.

Como desvelado no terceiro capítulo, a experiência constituiu um conglomerado de cooperação, onde quem produz participa ajudando a definir os rumos das ações. As famílias assumem responsabilidades, tarefas concretas e contribuem na tomada das decisões em diferentes momentos do processo organizativo. As famílias dialogam, participam e constroem os rumos deste conglomerado. Nas reuniões dos grupos de produção dentro dos assentamentos ou dentro das cooperativas coletivas, nos grupos de certificação ou mesmo nos encontros de avaliação e planejamento nas microrregiões.

Além da participação direta nestes espaços de gestão social, as famílias assumem tarefas concretas, produzindo as sementes necessárias para o conjunto do conglomerado, nas visitas de pares e visitas cruzadas desenvolvidas no processo de certificação participativa, ou participando dos processos de lutas desenvolvidos pela sua organização política, o MST.

Este conglomerado apresenta outra importante característica: está orientado por um projeto político, expresso na estratégia da reforma agrária popular, elaborado pelo MST. Este projeto orienta um determinado rumo à experiência, pois ela é compartilhada por um conjunto de agricultores/as, que lideram este processo social. A adesão a este projeto político só foi possível pelo longo processo de formação política deste conjunto de camponeses/as, uma formação com diferentes níveis que contou com a ação direta por meio de um conjunto de lutas desta organização (não apenas corporativas, mas lutas políticas do conjunto da classe trabalhadora). Este compartilhamento e identidade política também ocorre porque parte expressiva destas lideranças desenvolvem no seu cotidiano técnico-produtivo a orientação geral da produção de alimentos de base ecológica. Por isso, materializa-se em orientações práticas que no cotidiano são conduzidas por uma direção política que se sobrepõe ao universo exclusivamente econômico-corporativo.

Este conglomerado de cooperação é maior do que uma rede articulada de pequenos grupos de cooperação ou de famílias muito presente em diversas experiências da agricultura familiar na região Sul do Brasil.[6]

A experiência do arroz ecológico se edifica como um conglomerado de cooperação, orientado por aspectos políticos, ideológicos e organizativos que marcam a condução das ações econômicas. É a dimensão política orientando a esfera econômica. Os diversos grupos e cooperativas seguem a orientação de um programa político e estão sob a direção de uma organização política, e isso faz muita diferença no transcorrer dos processos cotidianos.

O processo de luta, organização e tomada de consciência da sua condição de exploração permitiu também o desenvolvimento de uma identidade política destas famílias assentadas que marca a unidade interna deste conglomerado. Ainda que a dimensão corporativa se manifeste nos grupos de base do conglomerado, todos os participantes, no limite, se identificam como membros do MST. Mais do que estar no grupo gestor do arroz ecológico, se compreendem como "sem terra" do MST.

Conforme sugerido por Carvalho (1999), a identidade social nos assentamentos pode constituir-se por rede de relações sociais consolidadas historicamente, pela origem social e pela política. A identidade social pela política ocorre quando,

> [...] pessoas e famílias compartilham de uma proposta política de gestão no assentamento, identificam-se com ela e fazem dela objetivo social do grupo perante os demais grupos sociais existentes. (Carvalho, 1999, p. 50)

---

[6] De maneira geral as redes na agricultura familiar formatam-se a partir de articulações de diferentes sujeitos e geralmente atuam em parcerias no plano operacional, tático, sobretudo na comercialização ou na certificação, controlando, portanto, um momento do processo de produção-circulação. São redes marcadas por uma forte dimensão econômica-corporativa.

Neste contexto, "[...] a identidade social pela política torna-se, no conjunto dos planos sociais vivenciados por pessoa, uma exigência nas interações sociais face a face no cotidiano da vida" (Carvalho, 1999, p. 51).

Esta identidade de caráter político permeia o grupo gestor do arroz, influindo na condução econômica do conglomerado. Um exemplo deste predomínio do político dirigindo o econômico foi a decisão, em 2011, de contribuir com as famílias assentadas em São Gabriel, região tradicionalmente comandada pelas oligarquias rurais, com predomínio de latifúndios pecuários e com algumas fazendas arrendadas para o arroz irrigado; o MST, desde 2003, lutava para ali fincar a bandeira da reforma agrária. Derrotado em sua marcha a "caminho do céu" em 2003, a partir de 2007 retoma as lutas em São Gabriel conquistando, no final de 2009, um assentamento de aproximadamente 450 famílias, na medida em que o setor silvícola e da celulose tiveram profundas dificuldades financeiras com a crise internacional de 2008.[7]

A necessidade política de viabilizar as famílias recém-assentadas qualificando o enfrentamento com as oligarquias naquela região exigiu do MST uma resposta política. Debatendo com sua direção estadual e com as cooperativas Cootap (Eldorado do Sul) e com a Coperforte (Cooperativa Regional dos Assentados da Fronteira Oeste Ltda), localizada em Santana do Livramento, definiu-se pela ação destas duas cooperativas na região de São Gabriel. A Coperforte atuaria no recolhimento

---

[7] A Fazenda Southall, símbolo do latifúndio em São Gabriel, estava sendo adquirida pela empresa Aracruz para o plantio de eucalipto, negócio inviabilizado pela crise de 2008, que levou à falência daquela empresa, permitindo o acesso do Incra na região. A empresa Aracruz foi à falência porque estava especulando com moeda estrangeira (dólar) quando estourou a crise internacional.

do leite e a Cootap contribuiria com a organização das famílias nos assentamentos que dispunham de várzea para o plantio de arroz, sobretudo nos assentamentos Madre Terra, Itaguaçu, Conquista do Caiboaté, Cristo Rei, todos em São Gabriel, e no assentamento Novo Horizonte, em Santa Margarida.

Para as cooperativas, esta atividade em São Gabriel implicou em aumento de custos, gerando resultados econômicos negativos. Mesmo assim, o conselho deliberativo da Coperforte e a direção da Cootap mantiveram a ação naquela região suportando os prejuízos, mas garantindo a permanência daquelas famílias na região, fortalecendo a disputa política com as forças conservadoras do latifúndio e do agronegócio. Somente no ano de 2015 as cooperativas conseguiram desenvolver suas atividades econômicas de forma equilibrada, cobrindo os seus custos operacionais, visto o aumento da produção das famílias ali assentadas.

A importância de uma ação política de enfrentamento ao capital e às forças conservadoras do latifúndio se sobrepôs à esfera econômica. Certamente em outro sistema ou rede em que apenas se busca a racionalização econômica e ou viabilidade econômica de um grupo de pequenos produtores familiares organizados em cooperativa ou associação, tal atividade não existiria. Isto só ocorreu pela capacidade política do MST, que preparou ao longo de muitos anos seus quadros políticos que dirigem as experiências econômicas, superando a consciência corporativa, econômico-sindical, desenvolvendo uma consciência política, uma consciência de classe.

Outra característica deste conglomerado, que o marca como uma resistência ativa, é a compreensão de que a pressão social e a luta política são necessárias para seu avanço. Sem a pressão junto ao Estado burguês, disputando a mais-valia social, arrancando conquistas que estruturem as unidades de produção familiar e/ ou cooperada, certamente não se constituiria um conglomerado atuante em todos os níveis da cadeia produtiva. O exemplo disso foi a conquista do Programa Estadual de Sustentabilidade dos Assentamentos (Funterra) e o Plano Camponês (Feaper).

Por estar na região metropolitana e próximo da capital, onde se localizam a maioria dos órgãos governamentais, as famílias assentadas sempre estiveram presentes nos diversos momentos da luta política do MST e da Via Campesina.

A sabedoria política destas lideranças camponesas inovou também na forma da luta política. Os atos de abertura da colheita do arroz se transformaram em um grande instrumento de diálogo com a sociedade gaúcha; passaram a articular setores urbanos dos movimentos sindical, popular e religiosos, parlamentares e partidos políticos, bem como representantes das diversas instituições públicas, revelando à sociedade gaúcha a representatividade desta forma social de produção.

Merece destaque a 12ª Abertura do Arroz Ecológico, ocorrido no assentamento Lanceiros Negros (Eldorado do Sul), em abril de 2015, do qual participou a então presidenta Dilma Rousseff. O MST decidiu transformar a abertura da colheita no primeiro grande ato público de apoio à presidenta Dilma e pela defesa da democracia, em meio a grande ofensiva da oposição que 20 dias antes mobilizou milhares de pessoas em atos de rua pelo *impeachment*. Reunindo mais de 8 mil pessoas, o MST e as famílias assentadas da RMPA incidiram na luta de classes no Brasil, motivando e fortalecendo o início da resistência popular ao golpe político midiático, jurídico, parlamentar.

As famílias assentadas compreendem que a reforma agrária e as políticas públicas necessárias para sua plena realização nascem desta intensa disputa de classes. Todos os participantes do grupo gestor sabem que a luta e a pressão social podem viabilizar políticas de apoio às iniciativas dos camponeses e da classe trabalhadora; que tais políticas não se efetivam espontaneamente pelos governos, mesmo daqueles com proximidade política com o MST e com a reforma agrária. Portanto, no método organizativo deste conglomerado de cooperação, a luta social é um componente importante, influindo decisivamente na resistência ativa das famílias assentadas.

Ao analisar-se a experiência do arroz ecológico na RMPA, verificou-se o florescimento da cooperação agrícola, da gestão democrática ampliando a participação das mulheres e dos jovens, a equidade econômica e a agroecologia.

Buscando uma síntese política deste processo de resistência ativa dos camponeses, desenvolvida nos assentamentos rurais da RMPA, organizados pelo MST, indicamos os seguintes aspectos relevantes:

a) o processo ocorre com base em um amplo sistema de cooperação agrícola, articulando vários níveis de entreajuda, compondo um conglomerado de cooperação, desde a produção primária à agroindústria. Tem-se o controle do conjunto de todos os elos que compõem a cadeia produtiva do arroz;

b) este conglomerado de cooperação tem em seu conteúdo a estratégia da reforma agrária popular, orientado por uma organização política, o MST, sendo esta a identidade que lastreia seus vínculos internos. Em seu método, destaca-se a luta política como forma de pressão social junto aos governos e ao agronegócio;

c) este processo cooperado tem por base a efetiva participação das famílias que produzem, via grupos de produtores na base, que se representam no conselho deliberativo da cooperativa; nos grupos gestor do arroz ecológico; e da participação do processo de certificação, garantindo um sistema interno de controle e monitoramento;

d) com isso estabelece-se o controle social da produção e, sobretudo, o controle social dos resultados desta produção, tendo como princípio "cada um segundo o seu trabalho aportado";

e) evidentemente que o processo está centrado no trabalho. Um trabalho efetivo das famílias assentadas articulado em diversas formas de entreajuda. Mas o fundamental é quem trabalha, quem produz planeja e decide sobre os rumos do conglomerado cooperativo;

f) verifica-se que a organização da produção se desenvolve mais rapidamente na medida em que a família assentada tenha clareza de onde vender a sua produção, a que preço vender e como irá retirar a produção do seu lote. Estes três elementos foram determinantes para impulsionar o trabalho camponês;

g) a produção de base ecológica gerou novos conhecimentos expressos no itinerário técnico da lavoura do arroz ecológico, mas, sobretudo, gerou o resgate da autoestima das famílias assentadas, fortalecendo sua pertença ao MST e sua identidade política;

h) em resumo, estes processos produtivos geraram organização, participação, consciência e luta.

Do ponto de vista da implantação da produção agroecológica a experiência do arroz na RMPA indicou:

a) a primeira atitude foi de natureza política com a decisão política da direção do MST em estabelecer a ruptura com o modelo do agronegócio dentro dos assentamentos, orientando o caminho na organização produtivas das famílias assentadas;

b) decorrente desta decisão política (ruptura), tratou-se de constituir e implementar os instrumentos necessários para viabilizá-la, de reorientar os agentes econômicos, no caso, as cooperativas. Tanto estas quanto a assistência técnica foram reorientadas em seu trabalho e passaram a atuar nesta mesma estratégia;

c) tendo a decisão política e os instrumentos necessários, o método de implantação da agroecologia foi o da transição. Esta requereu a combinação de ações, seja fornecendo insumos orgânicos para as famílias assentadas por meio das cooperativas, seja estimulando a produção de diversos insumos dentro das propriedades e nos grupos de produção. Uma coisa não excluiu a outra e não foram incompatíveis no método de implantação da agroecologia;

d) compreendeu-se que o fundamento neste processo de implantação da agroecologia era ter as famílias assentadas reunidas em grupos de base (independente do nome dado a este agrupamento: núcleo de base, grupo de produção, grupo da certificação etc.) com uma pauta de debates para além das questões técnico-produtivas, aproveitando estes espaços para discutir e articular as lutas gerais do MST. Com os grupos garantiu-se os processos com participação efetiva das famílias nas decisões dos instrumentos econômicos (cooperativas) e no MST;

e) compreendeu-se também que a participação não era algo dado e definitivo. Este processo requeria motivação, mobilização, continuidade e acompanhamento para a real e efetiva participação das famílias;

f) como consequência do item anterior, esta experiência gerou um novo perfil de liderança, inserida no processo produtivo, organizada em grupos de produtores e ajudando a dirigir um instrumento econômico. Cada vez mais a mediação com as famílias assentadas passou a ser a produção reduzindo o peso da política de crédito nesta mediação. Isto implicou também em um novo método de trabalho nos assentamentos que pressupôs processualidade, conhecimento técnico-produtivo e presença mais constante dentro das áreas;

g) ficou evidenciado que, no primeiro momento, algumas famílias assentadas aderiram a agroecologia pela consciência social que desenvolveram, mas uma boa parte delas vieram para a produção agroecológica e cooperada na medida em que esta ajudou a superar as suas necessidades de renda agrícola.

Do ponto de vista dos princípios agroecológicos, a experiência do arroz ecológico foi embasada na incorporação da resteva como ponto de partida dos manejos ecológicos e com ela a ciclagem dos nutrientes; na associação de espécies vegetais e animais dentro dos sistemas produtivos e com ela o aumento da biodiversidade; no entendimento da fisiologia do arroz e o ajuste do calendário agrícola e o manejo adequado da água no controle das plantas competidoras e dos insetos indesejáveis.

As práticas agroecológicas foram as mais diversas, desde a mineralização dos solos por meio de pó de rochas, adubação orgânica, adubação foliar (urina de vaca e biofertilizantes), uso de diversos tipos de repelentes, produtos biodinâmicos, passando pelo resgate de sementes, uso de quebra-ventos, manejos da água e sua correta condução, entre tantas outras.

Ao final, o trabalho das famílias assentadas buscou construir alguns atributos nos agroecossistemas: buscou-se a produtividade (capacidade do agroecossistema de promover o nível adequado de bens e retorno econômico para as famílias); aproximou-se da sustentabilidade (capacidade do sistema em manter um estado de equilíbrio dinâmico estável, mantendo uma produtividade do sistema ao longo do tempo); proporcionou a capacidade de resiliência do sistema (capacidade do sistema de recuperar-se das perturbações ocorridas); proporcionou a equidade e a cooperação, gerando autonomia das famílias (Caldart *et al.*, 2012).

Desta tentativa de síntese da práxis do MST na região metropolitana orientada pela estratégia da reforma agrária popular, expressa na produção de alimentos saudáveis, podemos extrair elementos gerais da sua compreensão sobre a agroecologia. Mais do que um conjunto de conhecimentos úteis aplicados à agricultura, é uma prática social que engloba as relações dos seres humanos com a natureza e engloba as relações socioeconômicas. São práticas que geram a construção de conhecimentos que permitem apreender pela razão os ciclos/legalidades naturais e as relações sociais de produção.

Conhecimentos mirados, comprometidos com a afirmação do campesinato enquanto classe social, que pela sua ação concreta nega o agronegócio (portanto, nega o capitalismo) afirmando uma nova práxis social, com novo conteúdo ético-político.

É uma agroecologia que requer luta, enfrentamento de classe, exigindo organização e consciência, vinculado a um projeto político de uma organização social, neste caso o MST.

Este modelo de produção (alimentos saudáveis) e este modelo tecnológico (agroecologia), com uma gestão democrática, cooperada e popular nega o agronegócio, mas, sobretudo, afirma caminhos para a edificação de um projeto societário emancipador.

LIMITES DA EXPERIÊNCIA, AS AÇÕES PARA SUPERÁ-LOS E OS NOVOS DESAFIOS

Como toda experiência humana, as atividades do arroz ecológico apresentam limites e desafios. Elencamos a seguir alguns destes limites e as ações que estão sendo desenvolvidas pelo grupo gestor, pela Cootap e pelo MST para sua superação.

a) A política comercial da Cootap

O limite mais evidenciado, sobretudo no terceiro capítulo, refere-se à política comercial estabelecida pela Cootap, responsável neste conglomerado pelas atividades comerciais.

Centrado no mercado institucional, em especial nos programas de compras governamentais de alimentos, a Cootap apresentou até 2015, mais de 90% de seu faturamento vinculados ao PAA e ao PNAE.

Estes programas sofrem alterações conforme a conjuntura econômica e conforme a conjuntura política do país.[8] Ainda em 2013, o governo Dilma, por meio do MDS, modificou as normas do PAA, praticamente paralisando o programa, em nome de um maior controle e transparência, exigido pelo Tribunal de Contas da União (TCU). Claro que estas exigências do TCU refletiam as pressões políticas das grandes empresas que atuavam nestes mercados. Cabe lembrar que neste período o governo estadunidense fez reclamações à Organização Mundial do Comércio (OMC) sobre o protecionismo do governo brasileiro em seu mercado interno, na medida em que reservava uma fatia dele para a agricultura familiar, afetando o "livre funcionamento dos mercados".

Esta pressão política resultou numa redução dos valores aportados no PAA, já indicando a conduta futura do governo Dilma, em seu segundo mandato, a partir de 2015, expresso no ajuste econômico conduzido pelo ministro da Fazenda, Joaquim Levy.

O maior efeito negativo das mudanças instituídas pelo MDS no PAA foi a eliminação da modalidade formação de estoque,

---

[8] De acordo com informações da Cootap, o PAA significou um faturamento, em 2012, de em torno de R$ 5 milhões e, em 2017, o governo golpista determinou para cada cooperativa o limite máximo de R$ 320 mil.

essencial para as pequenas cooperativas da agricultura familiar adquirirem a produção de seus associados. Naquele período a Cootap viveu uma grande crise de capital de giro, atrasando por meses o pagamento do arroz entregue pelos seus associados.

Frente a este novo contexto – que não se alterou nos anos seguintes – a Cootap, em conjunto com a Coceargs, tratou de articular um coletivo estadual de comercialização, buscando expandir as ações comerciais para além dos mercados institucionais.

De acordo com Leudimar Ferreira, coordenador da cooperativa central CoperTerraLivre (2017), este coletivo está atualmente organizado em cinco frentes de trabalho: mercado institucional; feiras nacionais e estaduais; comercialização no varejo na RMPA; exportação; e comercialização intracooperativas.

Neste coletivo destaca-se a participação da Cootap, da Cooperativa Central CoperTerraLivre e da Coceargs, coordenadoras do processo comercial do MST gaúcho. O resultado mais imediato foi a qualificação do escritório comercial em São Paulo. Em conjunto com o setor nacional de produção e outras cooperativas do MST, reorganizaram o escritório, mantendo sua centralidade na participação das diversas chamadas públicas de alimentação escolar promovidas pelas prefeituras paulistas, mineiras e cariocas.

Outra iniciativa foi a inauguração do Armazém do Campo, uma loja especializada em produtos orgânicos na capital paulista. Junto a esta loja encontra-se o novo escritório comercial que, em conjunto com o setor nacional de produção do MST, passou a organizar a participação do MST nas feiras nacionais, em especial organizando a feira nacional da reforma agrária, no Parque da Água Branca, na capital paulista.

A segunda edição da feira nacional ocorreu entre os dias 4 e 7 de maio de 2017, com a presença 1.100 assentados/as de todo o país comercializando 280 toneladas de alimentos. Por ali passaram mais de 170 mil pessoas, desfrutando dos produtos orgânicos, cozinhas típicas das regiões, diversos *shows* e palestras. Uma grande atividade de relações políticas com a sociedade e um espaço privilegiado de vendas e divulgação dos produtos da reforma agrária.

Mas o principal efeito na política comercial deste coletivo estadual verificou-se a partir de 2015, quando avançaram as tratativas para exportação de diversos produtos alimentícios para a Venezuela, cabendo à Cootap aproximadamente 4,5 mil toneladas de arroz entre 2016 e 2017.

Ainda que do ponto de vista comercial estas exportações tenham contribuído em muito para superar a crise de fluxo de caixa da Cootap, elas ocorreram em virtude da política de solidariedade internacional desenvolvida pelo MST. Tratou-se de um apoio político deste movimento social à República Bolivariana da Venezuela, em uma crise de desabastecimento promovida, sobretudo, pelos agentes econômicos locais que desviavam ou escondiam os produtos, forçando o aumento dos preços, promovendo o mercado "paralelo".

Quanto à ação comercial no varejo, destacam-se as iniciativas das feiras orgânicas na região metropolitana. Com a redução do PAA, o grupo gestor das hortas e frutas, acentuou o debate sobre as feiras ecológicas e a necessidade de concluir a agroindústria vegetal, permitindo o aproveitamento da produção de frutas e hortaliças, ampliando a variedade de produtos a serem ofertados nas bancas ecológicas das famílias assentadas. Esta ofensiva envolve atualmente em torno de 100 famílias que participam de 40 feiras ecológicas na RMPA.[9]

---

[9] O MST, em conjunto com a Cootap, promoveu em 24 de julho de 2017 o seu 1º Encontro dos Feirantes Assentados(as) da RMPA, em Eldorado do Sul.

Quanto à agroindústria vegetal, concluiu-se sua obra civil, efetuando a instalação de seus equipamentos e a partir de junho de 2017 passou a entregar produtos higienizados para o PNAE nas escolas municipais de Nova Santa Rita. Em setembro de 2017, obteve-se registro no Mapa da sua linha de sucos integrais e orgânicos.

b) Crescimento acelerado e crise de gestão

Outro limite verificado na experiência foi o da administração interna da Cootap que, apoiado pelo Programa Estadual de Sustentabilidade dos Assentamentos (Funterra), retomou a sua ação no setor de serviços, em especial os de máquinas agrícolas e de fretes. Num curto espaço de tempo (três anos), a Cootap passou a gerenciar uma frota de caminhões e patrulhas de máquinas compostas por tratores, implementos agrícolas, retro-escavadeiras, escavadeira hidráulica, entre outros maquinários.

A Cootap, na sua origem, surgiu para a prestação destes serviços às famílias assentadas na região, com recursos do Procera, em especial o Teto II, a cooperativa equipou-se para os serviços de máquinas agrícolas. Em partes, a sua crise de 1998-1999 surgiu da sua incapacidade de gerir os maquinários, resultando numa prática clientelista e de subsídio inconsciente aos seus associados. Somou-se a esta prática a crise dos preços do arroz convencional, em que as famílias assentadas não conseguiram quitar suas dívidas com a cooperativa, levando à sua insolvência financeira e paralisando-a.

A partir de 2004 a cooperativa foi reorientada na medida em que se constituiu o grupo gestor do arroz ecológico, deixando de atuar no setor de serviços, priorizando sua ação no setor comercial, na produção de sementes de arroz ecológico, passando a contribuir também com o processo de certificação ecológica.

Somente em 2013 a Cootap voltou a atuar na prestação de serviços de máquinas aos seus associados. Ocorre que este processo foi muito acelerado, e em pouco tempo passou a gerir um grande número de máquinas, equipamentos e caminhões, não só na região metropolitana, mas também em São Gabriel e em Manoel Viana.

Este crescimento acelerado do setor de serviços implicou em sua desorganização administrativa, explícita no descontrole do uso do conjunto de maquinários e de sua frota de caminhões, resultando no aumento do seu custo operacional.

Na medida em que este descontrole se tornou consciente para a direção da Cootap, foram estabelecidos cálculos que indicaram o custo real das máquinas e o custo do quilômetro rodado dos caminhões. Buscou-se estabelecer um sistema de controle que realmente registrasse o uso dos equipamentos e garantisse o seu respectivo lançamento na conta corrente de cada associado para quem o serviço fora prestado. Também tratou de racionalizar as cargas dos caminhões que levavam as mercadorias para a alimentação escolar nas prefeituras da região metropolitana de São Paulo que, em vários momentos, retornaram vazios.[10]

Posteriormente o debate interno da Cootap orientou para o repasse destas máquinas e equipamentos para os grupos de produção do arroz ecológico e grupos de produção das hortas e frutas. Assim, se estabeleceu contratos de repasse dos equipamentos para os grupos gestarem os maquinários e implementos e assumirem as parcelas de pagamento dos financiamentos

---

[10] Esta atividade exigiu mudança no Estatuto da Cootap, incluindo em seus objetivos a realização de transporte de cargas, conseguindo licença para promover esta atividade econômica.

relacionados a cada equipamento assumido. Coube à Cootap fazer a supervisão do uso, controle e relação com os associados nos grupos de produção.

Este conjunto de medidas qualificaram a administração do setor de serviços, reduzindo e racionalizando os custos da cooperativa.

Este crescimento acelerado também se expressou no volume de produtos comercializados pela cooperativa, tanto dos insumos repassados aos seus associados, em especial o adubo orgânico e calcário, apoiado pelos programas Funterra e Plano Camponês, quanto na produção adquirida de seus associados. A cooperativa nos seus últimos anos deu um grande salto em seu faturamento.

Os números expressos na Tabela 14 indicam bem este crescimento operacional e sua diversificação de atividades, saltando seu faturamento, em 2010, de R$ 3 milhões para R$ 29 milhões, em 2016, onde o custo do arroz[11] saltou de R$ 2,3 milhões, em 2010, para R$ 12,4 milhões, em 2016. Evidentemente que isto também afetou a organização administrativa da Cootap.

Além do impacto no capital de giro da cooperativa, a nova situação financeira repercutiu no processo interno de gestão, seja no terreno das informações geradas para as decisões, seja nos processos de participação dos associados e dos gestores nas tomadas de decisões da cooperativa.

Estes aspectos críticos já haviam sido identificados no ciclo anterior, nos anos de 2010 e 2011, quando a Cootap, de forma ainda fragmentada, tentou elaborar seu planejamento estratégico. Mas, a partir de 2016, a cooperativa colocou em curso um debate com seus associados, cooperativas singulares e grupos

---

[11] Este custo do arroz refere-se à compra do arroz dos associados pela Cootap.

gestores, sobre como qualificar a tomada de decisão frente ao novo período de crescimento vivido pela Cootap.

Do ponto de vista da obtenção de informações confiáveis para a tomada de decisões, estabeleceram-se mecanismos internos e procedimentos que qualificaram as informações, tornando os dados que efetivamente expressassem a real situação da cooperativa.[12]

Quanto ao processo de tomada de decisão, a Cootap tratou de discutir com seus associados uma reorganização, buscando constituir coletivos de base, a partir dos quais teriam indicações ao conselho deliberativo e representantes (delegados) na assembleia geral da cooperativa.[13] Estes debates se desenvolveram em 2016, por meio de encontros em todas as microrregiões onde a cooperativa tem atuação, desdobrando-se em reuniões em cada assentamento. Neles ocorreram reuniões em que os associados da Cootap definiram a melhor forma de se agrupar, seja por vizinhança, seja por atividade econômica.

Observa-se que agora, além dos grupos de produção articulados pelos grupos gestores do arroz ecológico e do grupo das hortas e frutas, as famílias assentadas passaram a ter mais um espaço de articulação para ajudar os encaminhamentos operativos da Cootap e discutir outros assuntos pertinentes a ela que não necessariamente passavam pelos grupos gestores.

---

[12] Este processo conta com a assessoria de técnicos ligados a Mondragón Cooperative Corporation (País Basco), que por meio da Fundação Mundukide estabeleceu um termo de cooperação com as cooperativas do MST nos Estados do RS, PR e SE.

[13] A Cootap passou a organizar seus associados em grupos de 5 a 10 famílias em cada assentamento, onde um representante de cada grupo participa do conselho deliberativo.

Esta organização na base também implicou na reorganização dos conselhos da cooperativa. Em especial o conselho deliberativo, que passou a funcionar com a representação destes grupos de associados, tendo reuniões trimestrais. Também se consolidou o conselho de administração, definindo sua composição com os responsáveis de cada departamento da cooperativa (setores),[14] acrescido de sua direção legal (presidente, vice-presidente, tesoureiro, vice-tesoureiro e secretário geral), tendo reuniões semanais com base em relatórios financeiros e informações operacionais de cada departamento.

Neste processo de debate também se restabeleceu o papel do coordenador do grupo de associados, sendo indicadas as seguintes atribuições:

> – Participar das reuniões do conselho deliberativo a cada três meses;
> – Transmitir informações aos sócios deste conselho deliberativo;
> – Representar os sócios de seu grupo produtivo nas votações do conselho deliberativo;
> – Articular as reuniões em seu grupo produtivo e levar sua pauta;
> – Registrar as decisões de seu grupo produtivo no livro de atas do grupo;
> – Facilitar a interlocução dos sócios com a cooperativa e vice--versa;
> – Incentivar a participação de todas as famílias da comunidade nas atividades da cooperativa e da reforma agrária. (Cootap, 2017)

Sobre as instâncias, nesta reorganização interna, surge um órgão novo, denominado de comitê de formação, com a função de garantir "[...] a capacitação dos sócios nas questões técnicas, cooperada e política, no marco da reforma agrária popular" (Cootap, 2017).

---

[14] A Cootap, em julho de 2017, apresentava os seguintes departamentos: administrativo-financeiro; transporte; comercial; grãos (se subdivide em produção; recebimento; certificação e projetos); leite; hortas/agroindústria vegetal.

Quanto às demais instâncias, reformulou-se as atribuições:

> – A assembleia toma decisões sobre os estatutos, planejamento estratégico e anual e elege o conselho de administração e o conselho fiscal;
> – Conselho deliberativo aprova as normas e regulamentos internos dos sócios com a cooperativa e o planejamento trimestral;
> – Conselho de administração, executa os planejamentos definidos, faz gestão com os trabalhadores nos setores e prestação de serviços aos sócios.
> – Os sócios nos grupos produtivos elegem coordenadores e delegados. Delegados representam os sócios na assembleia e os coordenadores representam os sócios no conselho deliberativo. (Cootap, 2017)

Esta recomposição das instâncias deliberativas da Cootap passou a funcionar no final de 2016, tendo a primeira reunião do conselho deliberativo realizada em dezembro. A assembleia geral da Cootap, neste novo formato, com a presença de delegados dos grupos de base, ocorreu em 11 de abril de 2017.

De acordo com o presidente da Cootap, Emerson Giacomeli (2017), a reformulação das instâncias gerou maior divisão de responsabilidades, envolvendo mais pessoas na tomada de decisão, construindo um comprometimento com os resultados a serem alcançados. Com o conselho de administração a cooperativa se tornou mais ágil e mais eficiente. No entanto, Giacomelli alerta para o perfil ainda bastante técnico do conselho de administração, com pouca representatividade da base social (ainda que vários membros deste conselho sejam assentados ou filhos de assentados) e politicamente ainda sem o amadurecimento necessário para conduzir uma estrutura tão complexa. Por isto ele acha necessário debater um espaço no organograma para a direção legal da Cootap se reunir e formular avaliações para também apresentar ao conselho de administração. Este espaço para a direção legal foi criado em 2018, compondo-se como uma instância dentro da cooperativa.

c) Fertilidade e produtividade das lavouras

Ainda sobre os limites, precisamos destacar o tema da produtividade física das áreas de produção do arroz ecológico nos assentamentos. Ao longo do tempo esta produtividade aumentou saindo de 70/80 sacas/ha, para 90/100 sacas no caso da produção para grãos ou até 120 sacas/ha no caso das áreas destinadas à produção de semente.

Este aumento de produtividade ocorreu pelos diversos conhecimentos desenvolvidos ao longo destes anos no grupo gestor do arroz, expresso no itinerário técnico. Apesar disso a produtividade ainda é inferior quando comparada com o arroz convencional (Neumann *et al.*, 2016; Zarnott *et al.*, 2016).

Em 2016, o Irga indicava uma produtividade média estadual das lavouras convencionais de em torno de 150 sacas/ha. Já a Coopan, uma das cooperativas membra do grupo gestor do arroz, localizada em Nova Santa Rita, apresentou, na safra 2015-2016, produtividade média de 96 sacas/ha e, em 2016-2017, uma produtividade em torno de 72 sacas/ha, afetada pelo grande volume de chuvas ocorridas naquela safra. Já o grupo Cio da Terra, localizado em Viamão, apresentou para a Safra 2015-2016, uma produtividade de 74 sacas/ha.

Ao se comparar a produtividade obtida nos assentamentos que plantam ecologicamente, com os principais municípios onde se encontram estes assentamentos verifica-se uma produtividade próxima a obtida pelo arroz convencional. Na Tabela 18, podemos verificar esta produtividade municipal para a produção do arroz.

Tabela 18 – Produtividade do arroz de 2014 a 2017
(Municípios selecionados)

Município	Safra 2014/2015	Sc	Safra 2015/2016	Sc	Safra 2016/2017	Sc
Eldorado do Sul	6.964	116	6.912	115	6.871	115
Nova Santa Rita	6.482	108	6.255	104	7.083	118
Guaíba	6.914	115	7.085	118	6.883	115
Tapes	6.911	115	5.522	92	7.645	127
Viamão	6.335	106	5.865	98	6.085	101

Fonte: Elaborado pelo autor com base nos dados de safra do Irga (2017).

Ainda que a produtividade dos assentados esteja próxima da produção municipal e o custo de produção das lavouras agroecológicas sejam em média 30% menor dos custos das lavouras convencionais, a produtividade obtida pelo arroz ecológico está distante da média estadual do arroz convencional.

Isto implica na necessidade de insistir com a aplicação das orientações do itinerário técnico, em especial na padronização dos tratos culturais, bem como seguir com o processo de recuperação da fertilidade natural dos solos, buscando ações que ampliem a sua mineralização e a correta incorporação da resteva, além do manejo adequado na condução das águas no processo de irrigação.

Isto requer do grupo gestor do arroz a continuidade da pesquisa agrícola, o melhoramento das sementes, a capacitação técnica e a ampliação da política de fomento pela Cootap junto às famílias plantadoras.

Em entrevista com Celso Alves e Emerson Giacomeli, respectivamente coordenador do departamento técnico da Cootap e presidente da Cootap, durante reunião do conselho de administração da Cootap, junho de 2017, foram indicadas novas atitudes para impactar a fertilidade do sistema produtivo do arroz ecológico. No processo de planejamento de 2017, a

Cootap pautou o debate com o grupo gestor sobre a necessidade de se estabelecer um planejamento para no mínimo três anos junto aos grupos de produção do arroz. Este assunto foi objeto de debate na assembleia geral de 1/8/2017. Segundo Celso e Emerson, tal atitude permitirá:

1) dedicar tempo junto aos grupos de produtores capacitando-os para a aplicação do itinerário técnico. Avalia-se que anualmente, entre abril e junho, dedica-se um grande tempo para a avaliação e planejamento da safra e que com planejamento trienal pode-se utilizar este tempo para as capacitações;

2) dedicar tempo também para o monitoramento, pelo departamento técnico da Cootap, da aplicação das recomendações do itinerário nas lavouras ao longo do ano. Discute-se também a aplicação de sanções econômicas para os grupos que desconsiderarem os manejos recomendados;

3) com um planejamento trienal, garante-se uma estabilidade nos acordos de parceria entre as famílias e os assentados plantadores, facilitando os investimentos em infraestrutura como, por exemplo, melhorias nas taipas, colocação de bueiros, melhorias nas estradas de acesso. O mesmo vale para as ações da Cootap no tocante à recuperação de solos, pois as famílias associadas terão garantias que suas áreas serão plantadas podendo incorporar insumos não solúveis como a adubação orgânica e a mineralização com pó de rocha.

Espera-se, com estas ações, avançar na produtividade física dos grãos, podendo atingir 120 sc/ha, obtidas atualmente pelas áreas de sementes.

d) O avanço do plantio convencional nas áreas de assentamento

Os assentamentos de reforma agrária na RMPA, desde a sua constituição a partir dos anos 1990, foram assediados pelos agentes externos interessados em plantar arroz, visto a infraestrutura produtiva existente que não encontravam em outras localidades. Os assentamentos dispõem de estradas vicinais de acesso às lavouras, de energia elétrica, de canais de irrigação e de drenagem, além de contar com disponibilidade de mão de obra. Com isso estabelece-se uma grande disputa política nas várzeas da RMPA.

De acordo com os dados fornecidos pelo Incra a partir dos projetos de lavouras nos assentamentos federais, constata-se uma evolução do plantio de arroz convencional nos assentamentos.

Na safra 2013-2014 o Incra estimava em 826 ha de arroz convencional plantado nos assentamentos federais. Já na safra 2016-2017, a área se ampliou para 1.253 ha, conforme indicado na Tabela 19:

Tabela 19 – Plantio Arroz Convencional nos Assentamentos da RMPA

Municípios	Assentamentos	N. Hectares			
		Safra 2013/2014	Safra 2014/2015	Safra 2015/2016	Safra 2016/2017
Eldorado do Sul	Fazenda São Pedro	20	*	0	0
	Apolônio de Carvalho	0	*	0	9
Nova Santa Rita	Capela	180	295	190	295
	Itapuí	291	220	150	196
	Santa Rita de Cássia II	16	8	64	72
Tapes	Lagoa do Junco	24	*	181	208
Arambaré	Capão do Leão	32	*	38	64
	Caturrita	142	*	161	204
	Fazenda Santa Marta	121	*	174	205
Total		826		958	1.253

Fonte: elaborado pelo autor com base nos dados do Incra dos projetos de plantio de arroz (2017).
* Não foram inseridos os projetos de plantio no Sigra pela equipe de Ates de Eldorado do Sul.

Esta evolução do plantio convencional não se deu exclusivamente nas áreas onde as famílias plantavam o arroz orgânico, mas em assentamentos onde o plantio convencional já estava estabelecido, como nos municípios de Arambaré e nos de Capela e Itapuí, localizados em Nova Santa Rita. No entanto, a tabela indica que em pelo menos dois deles, que sempre estiveram com o plantio ecológico, avançou-se com o plantio convencional. Foi o caso do Santa Rita de Cássia II e Lagoa do Junco.

Uma possível explicação para este avanço pode ser encontrada nos estudos de Neumann *et al.* (2016) e Zarnott *et al.* (2016) que com base no monitoramento[15] de cinco unidades de produção, sendo duas de arroz convencional e três de arroz ecológico, constataram para a Safra 2014, que

> [...] as unidades de arroz convencional (030_E/A, 094_SG/A), mesmo recebendo um preço menor, e com menor SAU [superfície agrícola útil], apresentam VAB/ha [valor agregado bruto] mais interessante do que as unidades de produção orgânica (exceto a unidade 026_NSR/A) porque tem maior produtividade e um CI [consumo intermediário] mais baixo. (Neumann *et al.*, p. 16)

De acordo com Celso Alves e Emerson Giacomeli, a Cootap conseguirá barrar este avanço do arroz convencional na medida em que se estabelecer o referido planejamento trienal, comprometendo as famílias e os assentados plantadores com um planejamento de médio prazo, evitando o assédio anual, em cada safra, pelos agentes externos; assim como os impactos

---

[15] O Programa de Ates no RS e SC, em sua metodologia de trabalho constituiu uma Rede de Unidades de observação pedagógica (ROUP), tendo no Rio Grande do Sul ROUPs para a análise do sistema de produção de arroz irrigado. Ela traz a caracterização e análise de dados econômicos e itinerário técnicos das unidades produtivas ao longo do ciclo agrícola, no caso do arroz para as safras 2014 e 2015.

(melhoria da infraestrutura e da recuperação da fertilidade dos solos) poderão melhorar a produtividade das lavouras ampliando a renda.

Além destes elementos, a Cootap está buscando estimular as famílias que produzem arroz, a diversificarem a sua produção nas áreas secas, em especial com hortaliças e frutas. Esta diversificação implicará no aumento de renda e fortalecerá os vínculos delas com a Cootap.

Em meio a esta disputa política entre os modelos de produção (convencional x ecológico), as áreas de várzeas nos assentamentos destinam-se em boa parte ao pousio e uma menor parte à pecuária. Conforme indicado na Tabela 20, os dados dos planos de recuperação dos assentamentos (PRAs) da RMPA indicam a existência de aproximadamente 8 mil hectares de terras aptas ao uso temporário com culturas de verão adaptadas inclusive para o arroz irrigado (solos classificados como Tipo IVa, quanto a sua capacidade de uso).

Tabela 20 – Classificação do Uso do Solo nos Assentamentos da RMPA (Tipo IVa)

Município	PA/PE	Tipo de Solo (ha)
		Tipo IVa
Capela Santana	PE São José II	30,57
Montenegro	PE 22 de Novembro	22,17
Nova Santa Rita	PA Capela	1456,37
	PA Itapuí-Meridional	481,78
	PA Sta Rita de Cássia II	1132,32
	PA Sino	320,96
Palmares do Sul	PE Zumbi dos Palmares	405,23
Taquari	PE Tempo Novo	15,2

	PA Capão do Leão	172,19
Arambaré	PA Caturrita	493,12
	PA Fazenda Sta Marta	350,54
Butiá	PE Sta Tereza	3,08
Camaquã	PA Boa Vista	265,47
Charqueadas	PE Trinta de Maio	271,77
Eldorado do Sul	PA Apolônio de Carvalho	805,65
	PA Fazenda São Pedro	417,87
	PE Belo Monte	13,79
	PE Colônia Nonoaiense	25,45
	PE Integração Gaúcha	214,8
	PE Padre Josimo	478,53
Guaíba	PE Dezenove de Setembro	324,49
Sentinela do Sul	PE Recanto da Natureza	11,83
Tapes	PA Lagoa do Junco	415,99
Total		8.129,17

Fonte: elaborado pelo autor com base nos planos de recuperação dos assentamentos da Coptec (2016).

A produção atual de arroz ecológico que envolve os assentamentos das Microrregiões de Eldorado do Sul, Nova Santa Rita e Viamão, aos quais estavam relacionados os dados de solos dos PRA's, estimavam, para a safra 2016-2017, 3.676 ha, conforme indicado na Tabela 21:

Tabela 21 – Grupos de produção arroz ecológico da RMPA (Safra 2016/17)

Microrregiões	Município	Assentamentos	N. Fam.	Área Plantada (ha)
Eldorado do Sul	Guaíba	19 de Setembro	5	16,5
	Eldorado	Irga	22	242,8
		Apolônio	54	485
	Charqueada	30 de Maio	38	111
	São Jerônimo	Jânio Guedes	5	46
	Tapes	Lagoa do Junco	9	106,9
	Arambaré	Caturrita	6	6
	Camaquã	Boa Vista	1	22
	Sub-Total		141	1.036,2
Nova Santa Rita	Nova Santa Rita	Sta Rita de Cássia	80	629,5
		Capela	56	383
	Taquari	Tupi	2	14
	Sub-Total		138	1.026,5
Viamão	Viamão	Filhos de Sepé	172	1.622,6
	Capivari	Renascer II	1	40
	Sub-Total		173	1.662,6
Total			452	3.725,3

Fonte: elaborado pelo autor com base nas informações fornecidas pela Cootap (2017).

Já a produção convencional de arroz com base nos dados do Incra indicava, para a Safra 2016-2017, uma área plantada de 1.253 ha (Tabela 19). Pode-se, portanto, inferir que nos assentamentos das microrregiões de Eldorado do Sul, Nova Santa Rita e Viamão, a existência de 3.200,17 ha de várzeas, com solos aptos ao plantio de arroz que não estão em produção agrícola.

Isto revela o potencial de expansão em área agrícola que o arroz ecológico poderá atingir somente nas microrregiões de Eldorado do Sul e Nova Santa Rita, sendo este um dos grandes desafios colocados para o MST, por meio do grupo gestor e da Cootap.[16]

---

[16] O Departamento Técnico da Cootap informou que na Safra 2017-2018, já estavam trabalhando com 44 famílias assentadas com manejos em transição

Esta expansão pode realmente se concretizar por dois aspectos importantes. O primeiro refere-se aos preços pagos pelo arroz aos produtores associados à Cootap, que ao longo dos últimos três anos foram superiores aos preços praticados pelo mercado, conforme indicado na Tabela 22.

Tabela 22 – Variação de preços pagos ao produtor entre Conab e Cootap (R$) – Anos selecionados

Ano	Preço CONAB (A)	Preço Cootap (B)	Δ A/B%
2017	40,47	48,20	119
2016	45,04	47,30	105
2015	35,96	46,60	130

Fonte: elaborado pelo autor com fonte nos dados da Conab e Cootap (2017).

O segundo fator refere-se à construção da indústria de arroz parboilizado, dando garantias aos assentados da compra de sua produção orgânica.

e) A indústria do arroz parboilizado

A implantação da indústria do arroz parboilizado e a nova unidade de beneficiamento de sementes (UBS), montando um complexo industrial no assentamento Lanceiro Negro, em Eldorado do Sul compõem desafios futuros.

A indústria de parboilizado será apoiado pelo Programa Terra Forte e a UBS será financiado pelo Programa Terra Sol, programas coordenados pelo Incra (recursos ainda não assegurados).

Quanto à UBS, a prefeitura de Eldorado do Sul, em 2016, fez o cadastramento do projeto no Sincov. Ocorre que nesta nova conjuntura política do governo federal, que alterou as

---

agroecológica, implicando em 747 ha, indicando esta ofensiva política sobre as áreas de produção do arroz convencional.

forças que atuam nos órgãos públicos, ainda não há previsão da liberação dos recursos no Incra para este projeto. A capacidade prevista a ser instalada é de 170 mil sacas de semente de 25 kg/ano, contando com cinco silos de armazenamento, com capacidade de 2 mil sc/60kg/silo.

Quanto à indústria do parboilizado, o projeto executivo foi credenciado no Terra Forte, em janeiro de 2017, totalizando um valor de R$ 14.008.981,00 (neste valor não está incluído o capital de giro). A indústria contará com capacidade de beneficiamento de 10 toneladas de arroz integral ou branco com casca por hora (limpo ficará 7.200 kg/h) e 8 toneladas de arroz parboilizado por hora (limpo gerará 5.700 kg) (Cootap, 2013).

Quanto à unidade de armazenagem, ela contará com a estrutura atualmente instalada no assentamento Lanceiros Negros, composto por 4 silos com capacidade de 25 mil sacas (60 kg)/silo.[17]

Os números indicam a dimensão do novo empreendimento e os enormes desafios colocados. Com a indústria, a estratégia anterior de secagem, armazenagem e beneficiamento será revista. Se antes estas estruturas estavam próximas aos locais de produção, na medida que a indústria de parboilizado for implantada, o processo será centralizado, tendo uma única unidade coordenada pela Cootap, racionalizando os deslocamentos de matéria-prima e os estoques. Ainda não está claro como ficará a relação com as demais unidades, em especial com os engenhos de arroz da Coopan e Coopat (certamente elas

---

[17] O projeto financeiro não prevê instalação de novos silos, mas o projeto arquitetônico reservou espaço para mais 12 silos de 25 mil sacas, prevendo um crescimento no futuro.

seguirão com a prestação de serviços à Cootap, mas ampliando a sua produção própria).

Conforme informações de Celso Alves da Silva (2017), a UBS localizada no PA São Pedro (Eldorado do Sul) será desativada. Quanto aos silos de secagem e armazenagem da Cootap, localizadas no PA Apolônio de Carvalho, encontra-se em discussão com os grupos locais a sua permanência ou seu desmonte e transferência para o novo parque industrial.

Evidentemente que a presença da indústria requererá novos instrumentos administrativos e novos métodos de gestão, exigindo maior controle e maior eficiência gerencial.

Do ponto de vista dos mercados, a indústria forçará o grupo gestor do arroz e a Cootap a reformular sua política comercial, exigindo uma nova conduta frente ao mercado de varejo, entrando neste circuito com produto diferenciado (arroz ecológico). A indústria do arroz parboilizado também impactará na produção primária do arroz. Com ela os limites existentes de perdas no beneficiamento, em virtude das variedades plantadas, serão solucionados. O pré-cozimento ainda na casca, estabelecido pelo método do parboilizado, eliminará as perdas por quebra.

Desta forma, as variedades mais produtivas a campo permanecerão sendo cultivadas, ampliando a produção do conglomerado e a renda às famílias assentadas.

Outro impacto desta indústria será justamente no volume de arroz necessário para viabilizá-la, exigindo do grupo gestor uma ofensiva junto às famílias assentadas ampliando a área plantada. Conforme indicado, existem na RMPA mais de 4,8 mil hectares de solos aptos às lavouras irrigadas, sobre os quais o arroz ecológico poderá avançar.

Com a indústria próxima, gestada pelas famílias assentadas e com uma política comercial sólida, a sinalização para as famílias migrarem para uma transição agroecológica será muito favorável, dando a elas a segurança de que a renda será mantida ou mesmo ampliada, visto as garantias de comercialização efetiva e os preços remuneradores. Isto poderá impactar as famílias que plantam arroz convencional, motivando-as para a transição à agroecologia.

Concluindo, verifica-se que os desafios colocados para esta experiência são enormes, mas observa-se que estes contribuem para o avanço do conglomerado cooperativo. São desafios que empurram para frente o processo organizativo.

As medidas tomadas com efeito de curto e médio prazos, indicam uma boa resolução dos limites colocados. Certamente ao implantar o conjunto de decisões descritos anteriormente, a experiência gerará novas contradições, pressionando-a. Mantido o pleno processo de participação e de articulação entre as diferentes forças que se articulam neste conglomerado, tais contradições serão superadas, gerando novo ciclo de síntese, evoluindo com a experiência.

Considerações finais

As pesquisas empreendidas nestes anos e os debates com os/as dirigentes assentados/as do MST e famílias produtoras de arroz na RMPA permitem afirmar que a experiência do arroz ecológico – lastreado num conglomerado de cooperação, desde os grupos de produção, passando por cooperativas coletivas locais e cooperativas de âmbito regional, com participação efetiva daqueles que trabalham nas decisões econômicas e políticas deste conglomerado, dando-lhe um caráter democrático e popular, com intensa produção de conhecimentos técnicos, orientado por um projeto político de classe, expresso na insígnia da reforma agrária popular – gera territórios com forte resistência camponesa.

Denomino esta resistência camponesa de resistência ativa, pois ela não implica apenas a negação do agronegócio e sua denúncia; implica na afirmação de outro caminho para o desenvolvimento do campo brasileiro, lastreada numa matriz de produção focada no alimento saudável e numa matriz tecnológica de base ecológica, denominado aqui de agroecologia; como também no estabelecimento de processos democráticos de gestão, produzindo uma tecnologia social no âmbito da gestão econômica, político-organizativo e ideológico (uma nova ética). É um forte componente de produção de conhecimentos técnico-produtivos autênticos vinculados às necessidades das famílias assentadas.

Estas relações sociais de produção e estas relações técnicas, empreendidas pelas famílias assentadas na produção do arroz ecológico da RMPA são incompatíveis com a lógica do agronegócio, ela não tem como absorvê-la sem se negar. Aqui se expressa a natureza e o conteúdo da resistência ativa das famílias assentadas.

O MST, ao estabelecer uma nova estratégia política para dar conta do novo contexto da luta de classes no campo, expresso pelo novo inimigo, denominado agronegócio, definiu a reforma agrária popular como seu caminho. Isto implicou na retomada da reflexão sobre a função social dos camponeses assentados, expressa na produção de alimentos de base ecológica e na proteção e recomposição dos recursos da natureza, que são bens comuns da humanidade. Estava maduro para os dirigentes e a militância do MST que estas funções teriam legitimidade junto à sociedade brasileira.

O MST gaúcho, analisando a imensa disputa que o agronegócio desenvolveu sobre os assentamentos, logo compreendeu a necessidade de dirigir politicamente a produção econômica das famílias e influir na sua reprodução social. Desta forma traduziu a aplicação da estratégia geral da reforma agrária popular na afirmação dos assentamentos como força política, tendo ela sólida base no mundo da produção agropecuária, tratando de colocar na centralidade do trabalho político-organizativo a produção de alimentos saudáveis. Apoiado em experiências agroecológicas de produção de sementes de olerícolas, de arroz ecológico e de diversas experiências locais de produção de hortaliças e frutas ecológicas, o MST gaúcho definiu o seu eixo de atuação econômica. Este permitiu influir no desenvolvimento político-organizativo das famílias assentadas no Rio Grande do Sul, formulando inclusive um grande programa de política pública, articulando a produção, distribuição e o consumo, expresso no Funterra e no plano camponês, conquistados pela pressão e luta social.

Com isso, o MST conseguiu plasmar formas sociais visíveis, materiais, sobretudo na esfera econômica, expressando as necessidades genéricas dos seres humanos.

O MST, ao influir nas objetivações produtivas das famílias, afirmando alternativas viáveis, permitindo escolhas de caminhos que lhes remetem ao plano humano genérico, afirma na cotidianidade destas famílias uma ética fundando uma individualidade partícipe do gênero que se reconhece como tal. Isso se manifestou na elevada autoestima das famílias que produzem agroecologicamente.

A tradução da retomada da função social dos camponeses assentados/as gerou práticas sociais, lastreadas em novas matrizes de produção tecnológica que vinculam o MST ao futuro da humanidade. Esta nova qualidade ético-político, proporcionada pela aplicação concreta da insígnia reforma agrária popular, é também a expressão deste caráter emancipatório que, no caso do arroz ecológico nos assentamentos da RMPA, é uma de suas maiores expressões materiais.

O conteúdo emancipatório também está presente na produção e difusão dos conhecimentos gerados no grupo gestor do arroz ecológico. As observações a campo, os intercâmbios, as visitas, os dias de campo, os seminários, as reuniões, as capacitações foram as metodologias aplicadas para o desenvolvimento de um largo conhecimento técnico-produtivo, hoje expresso no itinerário técnico das lavouras de arroz ecológicos e também no sistema de garantias do processo de certificação participativa e nas recomendações técnicas para a condução do armazenamento e do beneficiamento da produção ecológica.

Isso permite afirmar que a ciência necessária para o desenvolvimento humano será desenvolvida pelos trabalhadores/as e camponeses/as em espaços sociais populares, em meio à luta pela sua emancipação. São conhecimentos produzidos contra a forma social capitalista. Afirma-se, assim, as capacidades humanas como expressão das forças produtivas do trabalho social; forças produtivas autênticas que expressam o desenvolvimento pleno das capacidades humanas de fazer sua história.

Na experiência pesquisada, estas forças produtivas autênticas do trabalho social foram articuladas por meio de um conglomerado de cooperação. Orientado pela estratégia política do MST, este conglomerado é a síntese que vincula a nova qualidade ético-política com a resistência ativa das famílias assentadas. O conglomerado é a expressão da nova configuração territorial nos assentamentos da RMPA, em disputa com o agronegócio.

O que lhe caracteriza, além de sua complexa gestão de grupos, cooperativas e distritos de irrigação que geram conhecimentos em diversas áreas das ciências é a sua identidade de caráter político que permeia o grupo gestor do arroz e as famílias que participam do processo. Esta identidade se manifesta quando todos/as se reconhecem como sem terra do MST. Esta identidade política acrescida da compreensão e concordância com a estratégia do MST garante a unidade interna do conglomerado, superando a dimensão econômica-corporativa presente no cotidiano dos empreendimentos sociais. Se por um lado a estratégia política da reforma agrária popular baliza o conteúdo da orientação política do conglomerado, por outro, em seu método organizativo, a luta e a pressão social são componentes importantes. A luta social está presente neste conglomerado sendo parte do seu método de trabalho político-organizativo.

Outra importante característica deste conglomerado de cooperação é justamente o controle das ações econômicas e técnico-produtivas em todos os elos da cadeia produtiva do arroz ecológico, desde a produção de sementes, passando pelos manejos produtivos, pela secagem/armazenagem, pelo beneficiamento, pela certificação e pela política comercial. Este controle pleno de todos os momentos, da produção à distribuição, é um dos aspectos que lhe caracteriza como um conglomerado de cooperação.

As experiências do arroz ecológico dos assentamentos da RMPA gera processos emancipatórios e com eles uma nova configuração territorial caracterizada pela resistência ativa dos camponeses assentados, pela geração de uma nova qualidade ético-política, organizando uma práxis social por meio de um conglomerado de cooperação.

Bibliografia

ABRAMOVAY, Ricardo. *Paradigmas do capitalismo agrário em questão.* São Paulo/ Campinas: Hucitec, Ed. Unicamp, 1998.

BESKOW, Paulo Roberto. *O arrendamento capitalista na agricultura.* São Paulo: Hucitec, 1986.

BOFILL, Francisco Jorge. *A história da orizicultura e dos orizicultores de Uruguaiana.* Uruguaiana: Cooplantio, 2007.

BUKHARIN, Nicolai Ivanovitch. *A economia mundial e o imperialismo:* esboço econômico. São Paulo: Nova Cultural, 1986.

CADORE, Edson Almir. *A produção de arroz agroecológico na COOTAP/MST.* 2015, 74 f. Dissertação (Mestrado profissional em agroecossistema) – Programa de Pós-Graduação em Agroecossistemas do Centro de Ciências Agrária da UFSC, Florianópolis, 2015.

CARVALHO, Horácio Martins. *A interação social e a as possibilidades de coesão e de identidade sociais no cotidiano da vida social dos trabalhadores rurais nas áreas oficiais de reforma agrária no Brasil.* Curitiba: IICA/Nead/MIPF. Mimeo. 1999, 63 p.

_____. *Método de validação progressiva.* Curitiba. Mimeo. 2004, 34 p.

_____.*O campesinato no século XXI.* Petrópolis: Vozes, 2005.

CASTELLO BRANCO FILHO, Cícero e MEDEIROS, Rosa Maria Vieira. *A agricultura orgânica como estratégia para uma nova ruralidade:* o caso da experiência do arroz orgânico na região metropolitana de Porto Alegre/RS. VII Encontro de Grupos de Pesquisa (Engrup). Rio Claro, 2013.

CALDART, Roseli Salete, *et al. Dicionário da educação do campo.* Rio de Janeiro, São Paulo: Escola Politécnica de Saúde Joaquim Venâncio, Expressão Popular, 2012.

CASTILHO, Alceu Luís. 20 grupos estrangeiros têm 3 milhões ha de terras no Brasil. *Outraspalavras.net.* Disponível em: <http://www.deolhonoagronegocio. Acesso em: 14 de fevereiro de 2017.

CHESNAIS, François. *A mundialização do capital.* São Paulo: Xamã, 1996.

_____. *A finança mundializada:* raízes sociais e políticas, configuração e conseqüências. São Paulo: Boitempo, 2005.

COCEARGS. *Manual de orientações para os grupos de agricultores.* Porto Alegre. Mimeo. 2014, 15 p.

_____. *Manual de trabalho do sistema interno de controle.* Porto Alegre. Mimeo. 2015, 45 p.

COOTAP. *Relatório do 3º seminário do grupo gestor do arroz ecológico.* Eldorado do Sul. Mimeo. 2004, 11 p.

_____. *Agroindústria de arroz parboilizado orgânico e unidade de beneficiamento de sementes agroecológicas.* Eldorado do Sul, 2013.

_____. *Itinerário técnico da lavoura ecológica do arroz.* Eldorado do Sul. Mimeo. 2014, 10 p.

_____. *Reestruturação organizativa da Cootap.* Eldorado do Sul. Mimeo. 2017, 3 p.

COPTEC. *Plano de desenvolvimento do assentamento Apolônio de Carvalho.* Nova Santa Rita, 2009.

_____. *Plano de recuperação do assentamento Capela.* Nova Santa Rita, 2010a.

_____. *Plano de recuperação do assentamento Integração Gaúcha.* Nova Santa Rita, 2010b.

COSTA, Francisco Assis. *Formação agropecuária da Amazônia:* os desafios do desenvolvimento sustável. Belém: Naea/UFPA, 2000.

COUTINHO,   Carlos Nelson. *O estruturalismo e a miséria da razão.* São Paulo: Expressão Popular, 2010.

DELGADO, Guilherme Costa. *Do capital financeiro na agricultura à economia do agronegócio:* mudanças cíclicas em meio século [1965-2012]. Porto Alegre: Editora da UFRGS, 2012.

_____. *Questão agrária hoje.* 2016, 15 p. Palestra no XI CSBSP.

DEL GROSSI, Mauro Eduardo e GRAZIANO DA SILVA, José. As (re)negociações das dívidas agrícolas. *Sociedade e desenvolvimento rural,* Brasília, V. 2, n. 1, p. 171-187, 2005.

DOWBOR, Ladislau. *Governança corporativa:* o caótico poder dos gigantes financeiros. Disponível em: <http://dowbor.org/category/artigos/. Acesso em 15 de fevereiro de 2016.

_____. *A era do capital improdutivo:* a nova arquitetura do poder, sob dominação financeira, sequestro da democracia e destruição do planeta. São Paulo: Autonomia Literária, 2017.

DULCI, Luiza. Sobre a liberação da venda de terras para estrangeiros no Brasil. *Brasil de Fato*. São Paulo. Disponível em: <http://brasildefato.com.br> Acesso em: 3 de janeiro de 2017.

ESCHER, Sandra Mara de Oliveira Soares. *Proposta para produção de arroz ecológico a partir de estudo de casos no RS e PR*. 2010, 106 f. Dissertação (Mestrado em Agroecossistema) – Programa de Pós-Graduação em Agroecossistemas do Centro de Ciências Agrária da UFSC, Florianópolis, 2010.

FERNANDES, Bernardo Mançano *et. al.* A questão agrária na segunda fase neoliberal no Brasil. *In: Dataluta*. Presidente Prudente: Nera, 2017.

FERNANDES, Bernardo Mançano. *Movimentos socioterritoriais e movimentos socioespaciais:* contribuição teórica para uma leitura geográfica dos movimentos sociais. Mimeo. 2005, 10 p.

_____. *Entrando nos territórios dos territórios*. 2007, 15 p. Palestra no IV Singa.

FOLADORI, Guilhermo. O metabolismo com a natureza: marxismo e ecologia. *Crítica Marxista*. São Paulo: Boitempo, n. 12, 2001, p. 105-115.

FOSTER, John Bellamy e BRETT, Clark. A dialética do metabolismo socioecológico: Marx, Mészaros e os limites absolutos do capital. *In: Margem a Esquerda: ensaios marxistas,* n. 14, maio/10. Editora Boitempo, São Paulo.

FOSTER, John Bellamy. Ecologia e socialismo. *In: Caderno de cultura do sindicato dos professores de Campinas e região*. SINPRO-Cultura, n. 73, maio de 2011.

GOVERNO DO RIO GRANDE DO SUL. *Programa de sustentabilidade dos assentamentos da reforma agrária no estado do Rio Grande do Sul*. Porto Alegre: Secretaria do Planejamento, 2012.

_____. *Funterra – Qualificação dos Assentamentos BNDES Fundo Social –* Manual operativo. Porto Alegre: Secretaria do Desenvolvimento Rural, Pesca e Cooperativismo, 2012(a).

_____. *FUNTERRA – Qualificação dos Assentamentos BNDES PRO-REDES –* Manual operativo. Porto Alegre: Secretaria do Desenvolvimento Rural, Pesca e Cooperativismo, 2012(b).

GUTIERREZ, Luiz Alejandro Lasso. *Agroecologia e desenvolvimento de assentamentos de reforma agrária:* ação coletiva e sistemas locais de conhecimento e inovação na região metropolitana de Porto Alegre. 2012. 323 f. Tese (Doutorado interdisciplinar em ciências humanas) – Programa de Pós-Graduação Interdisciplinar em Ciências Humanas (PPGICH) do Centro de Ciências Humanas da UFSC, Florianópolis, 2012

HARVEY, David. *O novo imperialismo*. São Paulo: Edições Loyola, 2004.

_____. *O enigma do capital:* e as crises do capitalismo. São Paulo: Boitempo, 2011.

_____. *17 contradições e o fim do capitalismo*. São Paulo: Boitempo, 2016.

_____. *A loucura da razão econômica*. São Paulo: Boitempo, 2018.

HILFERDING, Rudolf. *O capital financeiro*. São Paulo: Nova Cultural, 1985.

INCRA. *Relatório ambiental do projeto de assentamento São Pedro.* Porto Alegre, 2007a.

_____. *Relatório ambiental do projeto de assentamento Capela.* Porto Alegre, 2007b.

IRGA. *Censo da lavoura do arroz irrigado no Rio Grande do Sul safra 1999/2000.* Porto Alegre: IRGA, 2001.

_____. *Censo da lavoura do arroz irrigado no Rio Grande do Sul safra 2004/05.* Porto Alegre: IRGA, 2006.

_____. *Projeto 10* – estratégias de manejo para aumento da produtividade e da sustentabilidade da lavoura de arroz irrigado no RS. Cachoeirinha: Irga/ Estação Experimental do Arroz, 2012.

_____. *Área e produção de arroz no RS e no Brasil:* evolução histórica. Disponível em: <http://irga.rs.gov.br. Acesso em: 5 de agosto de 2015.

_____. *Soja em rotação com arroz:* evolução de área e produtividade. Disponível em: <http://irga.rs.gov.br. Acesso em: 5 de maio de 2015b.

_____. *Levantamento de safra 2015/16* – produção por município. Disponível em: <http://irga.rs.gov.br. Acesso em: 21 de novembro de 2016.

_____. *Evolução da colheita de safra 2017/18.* Disponível em: <http://irga.rs.gov. br. Acesso em: 10 de setembro de 2018.

KLAMT, Egon, *et al. Solos de várzea no Estado do Rio Grande do Sul.* Boletim Técnico n 4. UFRGS, Faculdade de Agronomia, 1985.

LENIN, Vladimir Ilitch. *O imperialismo:* fase superior do capitalismo. São Paulo: Centauro, 2000.

LESSA, Sérgio. *Mundo dos homens:* trabalho e ser social. São Paulo: Instituto Lukács, 2012.

LOWY, Michael. Crise ecológica, capitalismo, altermundialismo: um ponto de vista ecossocialista. *In: Margem a Esquerda: ensaios marxistas, n. 14,* maio/10. Editora Boitempo, São Paulo.

LUKÁCS, György. *Por uma ontologia do ser social.* São Paulo, Boitempo: 2012.

MARQUES, Rosa Maria e NAKATANI, Paulo. *O que é capital fictício e sua crise.* São Paulo: Brasiliense, 2009.

MARTIN, Jean-Yves e FERNANDES, Bernardo Mançano. Movimento socioterritorial e "globalização": algumas reflexões a partir do caso do MST. *Revista Luta Social.* São Paulo, n. 11/12, p. 173-185, 2004.

MARTINS, Adalberto Floriano Greco. *As forças produtivas nos textos de juventude de Marx:* manuscritos econômicos filosóficos e a ideologia alemã. 2009, 10 p. Notas de aula.

_____. O contexto da reforma agrária bloqueada. *In:* PALUDO, Conceição (org.). *Campo e cidade em busca de caminhos comuns:* I SIFEDOC. Pelotas: Editora da UFPEL, 2014, p. 91-103.

_____. Elementos para compreender a história da agricultura e a organização do trabalho agrícola. *Caderno de Formação n. 40.* São Paulo: MST, 2016.

MARX, Karl. *O capital:* crítica da Economia Política. Rio de Janeiro: Civilização Brasileira, 2002.

_____. *Manuscritos econômico-filosóficos.* São Paulo: Boitempo, 2010.

MEDEIROS, Rosa Maria Vieira; *et al. Cadeia produtiva do arroz ecológico nos assentamentos da região metropolitana de Porto Alegre/RS* – análise territorial e ambiental. Relatório de atividades de pesquisa. Porto Alegre: Neag, 2013.

MEDEIROS, Rosa Maria Vieira. A emigração rural na pequena produção no RS. *In:* X Encontro Nacional de Geografia Agrária, V. 1, 1990, Teresópolis. *Anais do X Encontro Nacional de Geografia Agrária.* Rio de Janeiro: Universidade Federal do Rio de Janeiro, 1990, p. 477-487.

MEDEIROS, Étore; BARROS, Ciro e BARCELOS, Iuri. *Mais de 2 mil imóveis irregulares em terras públicas na Amazônia podem ser legalizadas por "MP da grilagem".* Disponível em: <http://apublica.org/2017/07/mais-de-2-mil--imoveis-irregulares-em-terras-publicas-na-amazonia-podem-ser-legalizados--por-mp-da-grilagem/. Acesso em: 5 de julho de 2017.

MERTZ, Marli Marlene. Breve retrospectiva histórica da agricultura na região metropolitana de Porto Alegre. *In:* GRANDO, Marinês Zandavali e MIGUEL, Lovois de Andrade. *Agricultura na região metropolitana de Porto Alegre.* Porto Alegre: Editora da UFRGS, 2002.

MST. *Programa agrário do MST.* São Paulo: Secretaria nacional, 2014, 52 p.

NEUMANN, Pedro Selvino; *et al. Sistema de produção de arroz dos assentamentos do Rio Grande do Sul.* Santa Maria: UFSM. Mimeo. 2016, 28 p.

NETTO, José Paulo e BRAZ, Marcelo. *Economia Política:* uma introdução crítica. São Paulo: Editora Cortez, 2007.

OXFAM BRASIL. *Terrenos da desigualdades:* terra, agricultura e desigualdade no Brasil rural. Mimeo. 2016, 32 p.

OLIVEIRA, Ariovaldo Umbelino de. *Modo capitalista de produção e agricultura.* São Paulo: Ática, 1987.

_____. *A mundialização da agricultura brasileira.* São Paulo: Iandé Editorial, 2016.

PANIAGO, Maria Cristina Soares. *Mészáros e a incontrolabilidade do capital.* Maceió: Edufal, 2007.

PINTO, Luiz Fernando Spinelli *et al.* Solos de várzea do Sul do Brasil cultivados com arroz irrigado. *In:* GOMES, Algenor da Silva e MAGALHÃES JUNIOR, Ariano Martins. *Arroz Irrigado no Sul do Brasil.* Brasília: Editora Embrapa, 2004.

PLOEG, Jan Douwe Van Der. *Camponeses e impérios alimentares.* Porto Alegre: Editora da UFRGS, 2008.

REINERT, Dalvan José, *et al. Principais solos da depressão central e campanha do Rio Grande do Sul*: guia de excursão. Santa Maria: Departamento de Solos – UFSM, 2007.

ROMERO, Daniel. *Marx e a técnica* – um estudo dos manuscritos de 1861-1863. São Paulo: Expressão Popular, 2005.

SANTOS, Milton. *A natureza do espaço*. São Paulo: Edusp, 2006.

SAUER, Sérgio e LEITE, Sérgio Pereira. Expansão agrícola, preços e apropriação de terra por estrangeiro no Brasil. *Revista de Economia e Sociologia Rural*, Piracicaba/SP, v. 50, n. 3, p. 503-524, Jul/Set. 2012.

SETOR DE PRODUÇÃO, COOPERAÇÃO E MEIO AMBIENTE (SPCMA). *Como construir a reforma agrária popular em nossos assentamentos*. São Paulo: Secretaria nacional, 2014. 41 p.

SILVA NETO, Benedito e BASSO, David. *Sistemas agrários do Rio Grande do Sul:* análise e recomendações de políticas. Ijuí: Ed. Unijuí, 2005.

SOCIEDADE SUL-BRASILEIRA DO ARROZ IRRIGADO. *Arroz Irrigado:* recomendações técnicas da pesquisa para o Sul do Brasil. Santa Maria, 2014.

SOUZA, Marcelo Lopes de. "Território" da divergência (e da confusão): em torno das imprecisas fronteiras de uma conceito fundamental. *In:* SAQUET, Marcos Aurélio e SPOSITO, Eliseu Savério (Org.) *Territórios e territorialidades:* teorias, processos e conflitos. São Paulo: Expressão Popular, 2009 p. 57-72.

TEIXEIRA, Gerson. A sustentação política e econômica do agronegócio no Brasil. *Revista Reforma Agrária*. Campinas, edição especial, p. 13-30, julho de 2013.

_____. *Os preços de terras no Brasil*. Mimeo. 2016, 3 p.

_____. *IBGE:* uma radiografia do uso de nosso território. Brasília. Mimeo. 2017, 4 p.

_____. *O censo agropecuário 2017(resultados preliminares)*. Brasília. Mimeo. 2018, 11 p.

VIGNOLO, Antônio Marcos dos Santos. *A produção do arroz orgânico nos assentamentos da reforma agrária na região de Porto Alegre/RS*. 2008. 130 f. Monografia (Especialização em agroecossistema) – Programa de Pós-Graduação em Agroecossistema do Centro de Ciências Agrárias da UFSC, Florianópolis, 2008.

_____. *Insumos orgânicos na produção de arroz em assentamentos da reforma agrária, região de Porto Alegre/RS*. 2010, 70 p. Dissertação (Mestrado profissional em agroecossistema) – Programa de Pós-Graduação em Agroecossistema do Centro de Ciências Agrárias da UFSC, Florianópolis, 2010.

ZANG, Martin. *Relatório técnico da gestão dos recursos hídrico do distrito de irrigação Águas Claras – Viamão/RS*. Viamão: Aafise. Mimeo. 2015, 115 p.

ZARNOTT, Alisson Vicente; *et al*. Sistema de produção orizícola dos assentamentos do Rio Grande do Sul. *In:* XI Congresso da Sociedade Brasileira de Sistemas de Produção, 2016, Pelotas. *Anais do XI Congresso da Sociedade Brasileira de Sistemas de Produção*. Pelotas: SBSP, 2016, 20 p.

ZIEGLER, Jean. *Destruição em massa*. São Paulo: Cortez, 2013.

Anexo

Especificações das mudanças na cobertura e uso da terra

Com base em Teixeira (2017), seguem as especificações estudadas pelo IBGE para apontar as mudanças na cobertura e uso das terras no Brasil.

Área artificial – aquela com mais de 75% do polígono ocupada com uso urbano, estruturada por edificações e sistema viário, onde predominam superfícies artificiais não agrícolas. Estão incluídas nesta categoria as metrópoles, cidades, vilas, áreas de rodovias, serviços e transportes, redes de energia, comunicações e terrenos associados, áreas ocupadas por indústrias, complexos industriais e comerciais e edificações que podem, em alguns casos, estar situadas em áreas peri-urbanas. Também pertencem a essa classe aldeias indígenas e áreas de lavra de mineração.

Área agrícola – aquela com mais de 75% do polígono ocupada por lavouras temporárias e lavouras permanentes. Inclui todas as terras cultivadas, que podem estar plantadas ou em descanso e também as áreas alagadas cultivadas.

Pastagem com manejo (pastagem plantada) – área predominantemente ocupada por vegetação herbácea cultivada. São locais destinados ao pastoreio do gado e outros animais, formados mediante plantio de forragens perenes.

Mosaico de área agrícola com remanescentes florestais – área que contenha mais de 50% e menos de 75% do polígono utilizado para agricultura, pastagens e/ou silvicultura e o restante ocupado por remanescentes florestais.

Silvicultura – área com mais de 75% caracterizada pelo cultivo de florestas plantadas com espécies exóticas.

Vegetação florestal – mais de 75% do polígono ocupado por florestas. Consideram-se *florestais* as formações arbóreas com porte superior a 5 metros de altura, incluindo-se aí as áreas de floresta densa, de floresta aberta (com diferentes graus de descontinuidade da cobertura superior, conforme seu tipo com cipó, bambu, palmeira ou sororoca) de floresta estacional (estrutura florestal com perda das folhas dos estratos superiores durante a estação desfavorável – seca e frio), além da floresta ombrófila mista (estrutura florestal que compreende a área de distribuição natural da *araucária angustifólia*).

Mosaico de vegetação florestal com atividade agrícola – área que contenha mais de 50% e menos de 75% do polígono ocupado com vegetação florestal e o restante ocupado por mosaicos de lavouras temporárias, irrigadas ou não, lavouras permanentes, pastagens e/ou silvicultura.

Vegetação campestre – mais de 75% do polígono ocupado por formações que se caracterizam por um estrato predominantemente arbustivo, esparsamente distribuído sobre um tapete gramíneo-lenhoso. Incluem-se nessa categoria as savanas, estepes, savanas estépicas, formações pioneiras e refúgios ecológicos.

Área úmida – área ocupada por vegetação natural herbácea (cobertura de 10% ou mais), permanentemente ou periodicamente inundada por água doce ou salobra (estuários, pântanos etc.). Inclui os terrenos de charcos, pântanos, campos úmidos, entre outros. O período de inundação deve ser de no mínimo 2 meses por ano. Pode ocorrer vegetação arbustiva ou arbórea, desde que estas ocupem área inferior a 10% do total.

Pastagem natural – área ocupada por vegetação campestre (natural) sujeita a pastoreio e outras interferências antrópicas de baixa intensidade.

Mosaico de área agrícola com remanescentes campestres – área que contenha mais de 50% e menos de 75% do polígono utilizado para agricultura, pastagens e/ou silvicultura e o restante ocupado por remanescentes campestres. Podem ocorrer, em menor proporção, formações vegetais arbóreas.

Área descoberta – esta categoria engloba os afloramentos rochosos, penhascos, recifes e terrenos com processos de erosão ativos. Inclui locais de extração abandonados e sem vegetação, onde 75% da superfície são cobertas por rochas, blocos e detritos. Também inclui as dunas, litorâneas e interiores, e acúmulo de cascalho ao longo dos rios.